U0169274

钱的第四维

财富的保值与传承

许骥———— 著

中国友谊出版公司

谨以此书纪念父亲

许国清

（1945.06.12 ~ 2021.04.20）

新富阶层与财富安全

新富的财富策略

财富工具细细谈

财富和自由总有距离

人际关系面面观

无处遁形的财富

与专业人士合作

为家族做对的事

穿过窄门的勇气

我们不请自来，但不能不辞而别

过去半个世纪的中国的发展历程，是神奇的。遥想半个世纪前，无数人"不请自来"地出生在这个国家，那时的他们——包括他们的父辈——也许万万没想到，我们将要共同走过一场伟大的历程。

时至如今，中国的传奇故事仍在继续。每年，这个国家都会诞生数以十万计的新富阶层。新富是一群什么样的人？国内外，有无数人想要研究中国新富。而新富的处境，如人饮水，冷暖自知。

新富之所以为新富，说明他们已经有了财富基础。但是，还缺少一个至关重要的因素，那就是时间。等富有持续了足够长的时间，新富就会成为"贵族"。但成为"贵族"的这段过程，充满了不确定性。

长久以来，中国特色的国情造就了中国特色的新富。在承认特殊性的同时，中国新富应该也意识到，自己与世界其他地区的新富有一些共性。基于这个想法，笔者便有了这本书的最初构想。

本书共分为9章，每章有9节，再加上1个案例，共9个案例。9章当中，最有实用价值的，大概是关于法律和财务工具的介绍。不过，关于对财富的理解和理念方面的内容，或许更具有深远的意义。

本书在写作过程中，尽量避免使用"资产"一词，而代之以"财富"。这是试图让读者明白，在一个家族中，能够传承的东西，远不止于资产这一项。资产是有形的，而财富是无形的。

在英文中，财富叫"fortune"，除了"资产"，它还有"命运"的意思。在拉丁语中，货币单位叫"talentum"——塔兰同，它是英语"talent"的词根，有"才华"的意思。这些，都是可以在家族中传承的财富。

实际上，家族财富的形式是多种多样的，既有物质层面的也有精神层面的。所以，本书也强调家学、家风的树立。在本书所写的一些案例中，例如何鸿燊家族，也描述了家风对后人的影响。

有句话在网上流传得很广，据说出自林则徐家训："子孙若如我，留钱做什么，贤而多财，则损其志；子孙不如我，留钱做什么，愚而多财，益增其过。"不少人对此做了片面化的解读。

"儿孙自有儿孙福"是中国的俗语，同时也表达了一种犬儒式的不作为的价值观，此话一出，就什么规划也不做了。而现代金融的发展，早已令财富传承的可作为空间大了很多，"永续富裕"并非不可能。

古罗马伟大的君王凯撒曾说："请把我的双手放在棺材外面，让世人看看，伟大如我凯撒者，死后也是两手空空。"潇洒如凯撒，也要给后世一个交代，不能不辞而别。

可喜的是，近年已经有越来越多的中国新富开始接受、了解乃至参与到运用金融和法律工具进行财富传承的工作中来。有了这样的意识，财富才有机会穿透时间；如果没有，则财富一定无法穿透时间。

财富规划之路，认知是第一步，学习是第二步，行动是第三步。希望本书能够在认知上为读者打开一扇窗，更希望在未来的学习和行动之路上，能与读者相遇，进行更多、更加深入的交流。

　　没有任何人的财富是凭运气得来的，也没有任何人的财富可以凭运气守住。万语千言归为一句话，那就是：我们不请自来，但不能不辞而别。

1

新富阶层与
财富安全

中国私人财富趋势

命运是机会的影子。

——古希腊哲学家　苏格拉底（Socrates）

财富具备流动性。正所谓"流水不腐，户枢不蠹"，面对财富时，也要抱持一样的态度。**一方面，让财富流动起来，才能不腐；另一方面，给财富增加保护，才能不蠹——要用动态眼光看待财富。**

受宏观经济形势影响，从 2017 年开始，中国新富的财富总值增速相应放缓。2019 年，国家的经济工作转向"六稳"，即稳就业、稳金融、稳外贸、稳外资、稳投资、稳预期。相对应的，新富的财富策略也要进行适当调整，指导精神可以总结为：从增值到保值，稳中求进。

然而说千道万，究竟什么才是新富阶层（New Money）呢？综合多项调查研究得出的结论，在中国，**新富阶层可以用"个人可投资资产超过 1000 万元人民币"来定义。**截至 2021 年，中国新富阶层总数已超过 296 万人。这当中，"个人可投资资产超过 5 亿元人民币"的人群，则可定义为"超级新富"。

从中国内地新富人数分布来看，新富人群相对集中在一些经济较发达的省区市。全国新富省区市的"第一梯队"（人数超过 10 万人）为广东、上海、北京、江苏、浙江、山东、四川、湖北和福建，"第二梯队"（人数在 5 万 ~ 10 万之间）为辽宁、天津、河北、湖南、河南、安徽、江西和云南。不过，新富人群分布正呈现平均化趋势，亦即其他省区市新富人数也在增加。

新富阶层看待财富的总体趋势是日益稳健，尽可能避免风险，财富增值已经不是首要需求。因此，他们**既焦虑灰犀牛，也恐惧黑天鹅**。所以，他们在财富配置方面更加追求均衡，对高风险高收益产品（如股票、公募基金等）和低风险低收益产品（如银行理财产品、保险等）的需求同步增加。

另外，"传承"是新富阶层财富趋势的核心关键词之一。据统计，有超过50%的中国新富"已在准备"或"已经开始"进行财富传承。更加重要的趋势是，超过三成关注财富传承的人士年龄在40岁或以下，说明财富传承观念正在年轻化。

最困扰新富阶层的财富配置困难主要有三点：1.各类资产收益率普遍下降；2.资本市场波动性增大；3.缺少资产管理优化方案。如果有收益合理、风险适中的资产优化方案，新富阶层通常乐于了解。从财富传承的解决方案来看，新富对家族信托感兴趣，超级新富则对家族办公室（FO）感兴趣。

还有一个值得瞩目的趋势，是新富阶层的财富全球配置。**越是高资产人士，全球财富配置需求越高**。在全球财富配置的原因方面，能明显看到新富的目标非常明确，就是"多元配置，分散风险"，这一理由占整体的78%，较少有人将全球财富配置视为财富增值的方案。

而在中国内地新富阶层全球投资地区偏好方面，一个明显的变化是，他们对中国香港的偏好度急剧上升。2021年，有48%的新富将香港地区视为首选"境外资产中转站"，而有46%的新富将香港地区视为首选"境外资产目的地"。相应的，对美国、加拿大、澳大利亚的偏好度均有所下降。由于香港地区出台了一系列金融革新政策，从

2018 年至今，登陆港交所的内地企业数量剧增。另外，2020 年 7 月《香港国安法》实施以来，香港地区政局趋于稳定；而中美经贸摩擦、英国脱欧等国际不稳定因素，令投资者对欧美市场的担忧情绪明显上升，进一步降低新富对西方国家市场投资的热情。

新富的三大特征

人无千日好，花无百日红。早时不算计，过后一场空。

——元代剧作家 杨文奎

清代小说家吴敬梓在其代表作《儒林外史》第46回中写道："大先生，三十年河东，三十年河西！就像三十年前，你二位府上何等优势，我是亲眼看见的。"华夏文明的母亲河黄河，自古以来时常易道，所谓"三十年河东，三十年河西"，正是用黄河易道来比喻人的处境。

"三十年"之说，似乎颇有些道理。新中国成立以来，从1949年到1979年，做了30年的计划经济尝试，终以安徽省凤阳县小岗村的"家庭联产承包责任制"之出现，宣布告一段落。随后，中国开启改革开放，1993年，更将"社会主义市场经济"写入《宪法》，开启了另一段经济发展历程。

发展市场经济给中国带来的成就举世瞩目。时至如今，中国经济的发展前景起码仍具备以下五大优势：第一，截至2018年，中国经济自改革开放以来，年均实际增速达9.5%，GDP总量占全球比重已达16%；第二，工农业生产能力快速发展，建立了全球最大的生产链，成为"世界工厂"，资源从短缺转为丰富；第三，货物贸易居全球第一，占全球12.8%；第四，截至2018年年末，外汇储备连续13年全球第一；第五，根据第七次全国人口普查的数据，中国的城镇化率攀升至

63.89%，进入城市群都市圈发展阶段。

作为一个有十几亿人口的巨大市场，一旦内外循环联动，释放出来的经济能量将无比巨大。经历过 40 多年改革开放的人们记忆犹新，过去多次的"下海潮"，造就了无数中国新富。**新富的三大特征分别是：享有财富，担当风险，承受焦虑。**

多数人并未看到新富所承受的焦虑。2013 年，美国罗切斯特大学（University of Rochester）人类学助理教授庄思博（John Osburg）出版了令他名噪一时的著作——《焦虑的财富：中国新富阶层的金钱与道德》（*Anxious Wealth: Money and Morality Among China's New Rich*）。在此书中，庄思博详细描绘了他在中国期间所见中国新富的种种焦虑。

阅罢此书，读者会发现，无论是在财富增值、财富安全、人际关系还是修养品位等方面，中国新富都承受着令人难以置信的压力。比如一些新富在早期经商的过程中，难免涉及寻找法律漏洞的行为，随着中国开始高调反腐，不少新富担心遭到"拉清单"。而因病致贫、离婚致贫的个案，皆戳痛新富。于是为了缓解焦虑，新富绞尽脑汁。

中国新富奋力拼搏的主要动力无非两个：一、让自己能安享晚年；二、让子孙后代能过上平安富裕的生活，不必再重新经历原始积累的艰辛。

中国的法治正在一步步完善，很多法律在陆续制定和推出，比如我们近年常听到的"房产税""遗产税"，又如 2020 年最新通过的《中华人民共和国民法典》中关于"离婚"的重新定义等，这些与财产有关的新法律法规，可能会加重新富的焦虑感。

另外，虽然中国改革开放已经 40 多年，但是社会上对商人的地位似乎仍未正名。在中国传统中，士农工商，商人是社会阶层中最被看不起的。坊间流传的，多是"为富不仁""无商不奸"之类对商人污名化的论述。缺乏正确的财商教育，令个别人怀着"仇富"心态。

以上种种，中国新富的状态或许可以总结为 8 个字：难以割舍，江湖险恶。谁都不容易。

新富的投资习惯

> 习惯，我们每个人或多或少都是它的奴隶。
>
> ——美国企业家　赛斯·高汀（Seth Godin）

总体而言，中国的新富阶层具备相对较好的教育背景，即便自身没有高学历，也十分关注子女教育。对教育的重视，令新富热衷于学习理财和投资知识，对专业人士抱持较为开放的态度。

在 10 多年前，新富阶层中有 20% 左右的人喜欢投资高收益高风险的项目。而伴随 2015 年 6 月的 A 股股灾，新富对高收益高风险投资的偏好度在 2017 年降到最低点，大约只有 5%。直到 2019 年后，这个比例仍不超过 10%。

2019 年后，新富投资行为中最大的变化，是储蓄及现金占比增长较快。 其主要原因是受市场波动影响，新富对现金流的稳定性需求增加。这一方面是因为担心市场转差时，没有足够现金流对抗风险；另一方面也是因为担心，当有好的机会出现时，没办法抓住机会。在只有很少投资产品可以兼顾收益和稳定性的背景下，多数新富不得不将资产放在储蓄及现金中。有趣的是，即便聚焦全球财富配置领域，中国新富的全球储蓄及现金占比也非常高。由此可见，新富对资产流动性的渴求确实很旺盛。

由于新富阶层的投资习惯趋于保守，所以他们在投资中，明显表现出对银行渠道的偏爱。从相关调查中可以看出，越是低财富的人群，越倾向通过亲朋好友，自主搜索获取投资机会；而越是高财富的人群，则越倾向从银行、金融机构和专业人士处获取投资机会。那么，什么样的财富机构较受新富欢迎呢？新富的投资习惯较为特殊，极少相信"熟人介绍"（1%），也不太在意是否"服务好"（34%），他们最在乎的是"团队专业"（58%）和"品牌好"（56%）。

新富阶层还有一个正在形成的投资习惯，就是越来越看重中国市场。新富的全球投资并未显著减少，但在策略上，他们更强调寻找"中国机会"。简言之，就是他们会倾向选择具备投资中国的能力的境外银行和金融机构，例如与"一带一路"倡议相关的项目。2020年开始，全球进入"后新冠肺炎疫情时代（Post Covid-19 Era）"，中国经济一枝独秀。全球投资者看好中国，中国投资者自然也不例外。

结合以上所说，中国新富阶层既回归银行渠道，又回归中国市场，于是，**与内地有天然纽带的中资银行境外机构成为新富全球财富配置时的首选，其中又以香港地区的中资银行最受欢迎**。香港地区的中资银行具备诸多优势，例如便于抓住"中国机会"，方便境内外一体化管理，语言、文化、服务上给予新富的体验良好，等等。

有2021年的分析指出，41%的新富阶层会选择用中资银行境外机构作为全球财富管理平台。而中资机构可以基于在境内对新富阶层建立的理解，更深入全面地了解新富阶层的需求与风险偏好，这些优势帮助中资银行境外机构降低与客户的沟通成本，同时更好地满足客户全球资产管理需求。

另有调查显示，新富阶层在投资方面最期待的是以下3项：1. 境内外分支的服务水平进一步强化，境外分支的承接能力加强；2. 能提供一些境外目的地的优势产品，融资融券；3. 配置的资产类别更丰富，如股权。这也说明新富阶层对专业的要求很高。

钱的第一维：体力

习惯支配着那些不善于思考的人们。

——英国诗人 华兹华斯（William Wordsworth）

靠体力赚取财富，是人类最古老的形式。也是从那时开始，趋利避害成为人类下意识的本能。

遥想 200 年前，一群来自中国南方的华工，经香港地区前往美国、澳大利亚、加拿大和东南亚等地淘金。历史留给这些人一个极不尊重的名字，叫"猪仔"。这群中国人，在美国淘金、修铁路，是典型的靠体力赚钱的人。他们艰苦朴素，在异国他乡几乎不花钱，把所有赚到的钱全都寄回给国内的宗亲。即便在外国去世，同伴也会想尽办法把他们的尸首运回国内，落叶归根。无奈一些人和家乡失联，尸首无人认领，只能寄存在香港地区的义庄，有的一寄存就是上百年——这是一段无奈又悲惨的历史。

早年的华工，是典型的靠体力赚取财富的一代中国人。美国前驻华大使骆家辉的祖父骆世泽，就是"淘金潮"的华工。但不幸的是，骆世泽到美国的时候，正赶上美国的"排华法案"，备受歧视。骆世泽通过体力劳动，积累了第一桶金。到了骆家第二代骆荣硕，赶上二战，他代表美国参战。据说在战场上，他不顾安危，屡立战功。可以说，骆荣硕不仅是用体力，甚至是用性命换取了骆家的荣耀，亦不为过。好在骆家辉争气，不仅成为美国首位华人州长，还成为驻华大使。

靠体力赚钱这回事，中国人在改革开放后一直目睹，这个群体就是农民工。几十年来，数以亿计的农民工涌入城市，为城市奉献汗水，但是，他们当中能够实现阶层跃迁的寥寥无几。绝大多数的农民工，即便带领家属移居到城市，仍然处于社会的中低阶层。根据常识推理可知，随着中国的贫富差距拉大，阶层板结日趋严重，流动性降低，农民工后代越来越难"逆袭"。

为什么靠体力赚取财富很难实现阶层跃迁呢？因为**人性中有天然的惰性。**

遥想远古时代，人类靠狩猎获取财富。虽然那时的财富只是新鲜的食物，如果在夏天，或许保存不会超过两天。但是，只有为家族提供足够的食物，才能让自己的血脉延续下去，"自私的基因"驱使人们日复一日出门冒险（参考第一章"自私性原则"）。在正常情况下，出门狩猎的人一定会因循昨天已经走过的路，因为不确定未走过的路上有什么危险。所以，除非确定曾经走过的路上不再有食物，人们才会冒险去探索新路。这，就是人性本能的——路径依赖——惰性。

孟子云："劳心者治人，劳力者治于人。"靠体力赚取财富起家的人，虽然不能大富大贵，却很难主动抛弃已有的习惯，正所谓"积习难改"。**只有少数敢于走出舒适圈的人，才有可能改变命运。**20世纪90年代的"下岗潮"期间，但凡在原单位还能混下去，多数人是不会主动辞职的。然而大势变时，无数原本靠出卖体力生活的工人，都被迫离开岗位。这些人一时间难以适应"下海"的新环境，成了被拍死在沙滩上的"前浪"。这是时代大势的无情，也是不未雨绸缪的悲哀。

无论在任何时代，都要做个积极主动的人。那么，什么样的人才能从钱的第一维"体力"中得到释放，进入下一个维度呢？那就是意识到钱的第二维度是"脑力"的人。

钱的第二维：脑力

两点之间最短的距离并不一定是直线。

——新东方创始人　俞敏洪

话说，以前有个人叫张三，应聘了一份工厂保安的工作，每月工资1000元。张三善于动脑筋，工作了两个月，发现这间工厂只有一名保安是不够的。于是，他去找老板商量："如果每月只增加500元成本，可以有两名保安，不知意下如何？"老板觉得1500元请两名保安很划算，便叫他去办。

张三以前打散工的时候，每月只能赚400元，而且收入还不稳定。他找到过去的工友，跟他们说可以介绍他们去做保安，每月500元工资，工资比打散工高又稳定。工友听了都很开心。于是，张三很顺利就请到两名保安。张三从此只需要管理两名保安，每月的收入就可达500元。他将这个模式复制，办了一家保安公司，5年后垄断了全市的保安市场，员工多达1000人，月收入高达25万元。

为什么同样是打散工出身，张三的工友每月只能赚400元，而张三却可以每月赚25万元呢？因为张三从钱的第一维"体力"，升级到了钱的第二维"脑力"。其实中国的新富阶层，大多也走过这条路径。

通常我们将产业分为三种：第一产业（农业）、第二产业（制造业）和第三产业（服务业）。第一产业中，几乎所有从业者都处于典型的第一维度。第二产业中，绝大多数从业者仍处于第一维度，只有少数管理层处于第二维度。而第三产业中，绝大多数从业者都处于第二维度。

中国自古以来以农业立国，时至今日农业都很重要。新中国成立后，励精图治，通过 10 多个"五年计划"，终于跻身新兴工业化国家之列。而过去一段时间内的发展重点，就是发展第三产业。中国人力资源和社会保障部发布的《2019 年度人力资源和社会保障事业发展统计公报》显示，截至 2019 年年末，中国第一产业就业人员占 25.1%，第二产业就业人员占 27.5%，第三产业就业人员占 47.4%——第三产业从业人员就业占比从 2015 年的 42.4% 上升到 2019 年的 47.4%，成为吸纳就业人员的主渠道。

只有看懂"第三产业即钱"的第二维度，而国家战略正鼓励第三产业发展，才能理解为什么中国在过去 10 多年能够诞生大量新富阶层。随着中国的第一产业和第二产业步入成熟，生产的农业和工业产品丰富，行业竞争大，只有结合强大的第三产业宣传与服务，各种品牌才能脱颖而出。这就是这些年营销、物流、售后等行业有长足发展的原因。

当然，**靠脑力赚钱又可以分成多个层次，**其中最高层次是通过整合资源赚钱。资源多种多样，比如能源、资金、团队、渠道、客户、智力、才华、专业、人脉等。将这些资源盘活，集合产生聚变，释放出更大能量，则是市场经济的精髓所在。

来到钱的第二维度，不仅可以赚更多钱，还能获得更高的社会地位，受人仰慕。社会上的精英人士，无一例外都属于这个维度。但是，靠出卖脑力依旧是辛苦的。在当今社会，经常听说有人"过劳死"，这些人多数不是体力劳动者，而是脑力劳动者。想要更上一层楼，就要升级到钱的第三维度，靠"金钱力"赚钱。

钱的第三维：金钱力

我们终身唯一持久的爱和兴趣，不过是赚钱。

——香港作家　亦舒

如果说钱的第一维度是自己打工，第二维度是雇人打工，那么，**钱的第三维度就是让钱替我们"打工"**。人不能为钱而生，但是可以让钱为我们而生。正如小仲马（Alexandre Dumas fils）在其代表作《茶花女》中的那句名言所说："金钱是好的仆人，也是坏的主人。"

钱的第三维度，亦即"财产性收入"。当新富阶层的财富累积到一定程度时，就要开始启动用钱赚钱的历程，这在发达社会是常识。然而，虽然早在 2007 年，十七大报告中就已提出"创造条件让更多群众拥有财产性收入"。但过去 10 多年，真正进入钱的第三维度的中国人显然并不够多。

国家统计局的统计显示，2020 年，全国居民人均可支配收入按收入来源划分，人均工资性收入 17917 元，占可支配收入的比重为 55.7%；人均经营净收入 5307 元，占可支配收入的比重为 16.5%；人均转移净收入（如退休金）6173 元，占可支配收入的比重为 19.2%；至于人均财产净收入，则只有 2791 元，仅占可支配收入的比重为 8.7%——是占比最低的。

中国人财产性收入偏低的主要原因是起步晚。目前财产性收入较高的群体，主要是新富阶层。但中国人财产性收入的增长趋势又是可观的。2013 ~ 2018 年，中国人均可支配收入由 18311 元提高到 28228 元，年复合增长率为 9%，其中 2018 年同比增长高达 12.9%，明显高于其他分项。这些可支配收入，都有望转化为财产性收入。

纵观中国新富阶层的财产分配，亦颇有"中国特色"。

《中国家庭财富调查报告 2019》显示，2018 年年末中国居民总资产达 465 万亿元人民币，其中房产为 325.6 万亿元，金融资产 139.5 万亿元。金融资产中，存款约 72.4 万亿元，保险、银行理财分别为 19.3 万亿元和 18.2 万亿元，股票、证券投资类资产约 16.1 万亿元，信托计划权益 6.5 万亿，债券 0.8 万亿元。换言之，中国居民财产有 70% 集中于房产。房产能算财产性收入吗？不一定。因为有贷款的房子不能完全算资产，如果自住又未还清贷款的话，则是负债。

综合而言，中国新富的资产普遍偏"重"，过多集中于房产，受市场、政策等的影响也会很大。新富未来应该让资产"轻"起来，才能灵活应对各种变化。尤其在经历 2020 年新冠肺炎疫情后，普通人也能发现，资产过"重"会严重影响现金流。更何况新富对资金的调动性要求比较高。

那么，在钱的第三维中，有哪些需要注意的呢？主要有四点：

1. 减持一些房产，提高金融资产的比重（参考第三章"沉重方案：物业"）。

2. 中国人普遍过度储蓄，应把部分储蓄变成投资。

3. 投资有风险，所以要丰富投资组合。

4. 如今资本是全球流转的，所以要跨境配置资产（参考第二章"全球性眼光"）。

尤其值得一说的是，中国人热衷投资房产应该是"迫于无奈"，乃受制于国内的客观投资环境，没有太多好的投资项目可以选择。胡乱投资了，就怕变"韭菜"。新富虽有钱，又经得起几次"割"呢？所以，新富更应在合法合规的前提下，尽可能配置全球优良资产。

钱的第四维：时间力

> 了解历史，适应变化，战胜时间。
>
> ——当代作家 张玮

任何家族，几乎都逃脱不了钱的维度的规律，从靠体力赚钱，到靠脑力赚钱，再到靠金钱力赚钱。来到第三维，就可以算是富人了。接着，就要思考中国的"千年魔咒"——富不过三代。

"富不过三代"是一种典型的农耕时代思想。 在讲求耕读传家的传统中国，富人的子孙依旧只能基于土地生活，没有迁徙的自由。无论是抵御自然灾害、战争还是政治迫害等的能力，都非常弱，所以很难传富。传统中国是皇权社会，在权力面前，财富一触即溃。从沈万三到胡雪岩，悲剧不胜枚举。但是这种情况，已经随着现代金融传入中国，被彻底改变了（参考案例一）。

要"富过三代"——终极目标其实是"永续富裕"，真正要对抗的东西，是时间。

世界是四维的。根据闵可夫斯基空间（Minkowski Space）理论，世界由三维空间加上时间构成。时间是世上最有趣的东西，无论物理学、经济学、哲学还是文学，自古以来无数先贤都对时间充满好奇。时间是线性的，钱亦然。有时候，人们赚到的钱会失去。**你口袋里的钱之所以跑掉，不是别人拿走了，而是你的时间往前走，但你的钱永远留在了过去。** 一个真正的创富高手，会借助钱的时间力，让财富按照其意愿，在家族内永续。因为，**钱只会聚集在那些赋予它时间性的人周围。**

几乎所有经济现象都是因为时间而产生的，例如利息。世上为什么会出现利息？因为有个看不见的东西叫"不耐"（impatience）。人间无常，生命有限，所以每个人都是急于消费的，今朝有酒今朝醉，于是便产生"不耐"。要及时消费，消除"不耐"，便要支付额外的价值，于是产生利息。

每个人的"不耐"程度不同，于是对金钱的态度也会不同。穷人的"不耐"高，富人的"不耐"低，所以穷人借钱利息高，富人借钱利息低；不同时期的"不耐"也不同，战争时的"不耐"高，和平时的"不耐"低，所以战争时利息高，和平时利息低。总体来说，"不耐"高的人倾向得到现在的钱，甚至透支未来的钱；而"不耐"低的人则倾向投资，在未来获得更多的钱。我们在累积财富的过程中，要不断审视自身的"不耐"。

我们可以视时间为敌人，也可以视时间为朋友。作为新富，或许在财富累积的过程中，于"不耐"低时养成的投资策略会成为一种惯性（参考第一章"新富的投资习惯"），比如爱好收益高、风险高的进取型投资。但既然成为新富了，便是时候以终为始，重新学习，调整自己的投资策略。

西方有句名言说得好，**变得富有是容易的，持续富有却是不易的。**（Getting rich is easy, being rich is difficult.）要知道，我们不仅是在为自己创造财富，更是要成就一个家族的光荣与梦想。当我们立下志向，让我们的财富突破时间的桎梏，这并不代表前路是条坦途。因为我们选择的，是一道"窄门"。窄门不易行，但也只有选择窄门的人，才能最终"活"下来。正如《马太福音》里说的："你们要进窄门。因为引到灭亡，那门是宽的，路是大的，进去的人也多。"

接下来，有很多问题需要思考，有很多知识需要学习，有很多工作需要安排。

自私性原则

> 成功基因的一个突出特性就是其无情的自私性。
> ——英国生物学家 理查德·道金斯（Richard Dawkins）

中国历史上明明充满自私的"宫斗"，却总是歌颂无私的禅让。这反映出的是中国人不愿意承认的人性自私。然而，千古流传的尧舜禹禅让的故事，就一定可靠吗？

西晋太康二年（公元 281 年），盗墓贼不准（音：否标）在今河南省的一座战国古墓中意外找到一部名叫《竹书纪年》的古书。《竹书纪年》被列为"禁书"，原因就是它记载了尧舜禹之间的权力移交并非禅让，而是舜和禹都是通过政变夺取王位。虽然这一说法历来有争议，但公认的是，禹的儿子启并没有实行禅让，而是建立了夏朝，从此开创了中国数千年王位世袭的先河。相比于大公无私的禅让，《竹书纪年》的记载，显然更加符合通常意义上的人性。

人们创造财富，都是出于自私的动机。现代经济学一个最基本的假设，就是人的自私。当然，"自私"不是完全的损人利己，而应该是和社会产生良性互动。关于"自私"的解释，中国香港经济学家张五常曾于 2018 年撰写了一篇名为《自私三解与市场应对》的文章，颇为入木三分：

英语 private 这个字译作"私"是没有其他选择的了。中国文化对"私"这个字有负面的含义是不幸的，但那是一个伟大文化的传统。作为一门实证科学，经济学所说的自私（selfish）则有三个不同的看法。

第一个看法，是自私是天生的。这是源于1976年道金斯出版的一本名为《自私的基因》（The Selfish Gene）的书。这本书重要，博大精深，也很有说服力。但在经济学上，我不采用这个自私的阐释。

第二个看法，是自私是自然淘汰的结果。这是源于亚当·斯密（Adam Smith）1776年出版的《国富论》（The Wealth of Nations）。其意思是说在社会中人不自私不容易生存。1950年，我的老师阿尔钦（Armen Alchian）发表了一篇重要的文章，把斯密之见伸延，影响了一代经济学者在经济科学方法上的争议。阿尔钦说人类争取利益极大化是自然淘汰的结果。这观点对我影响很大，但我自己用上的自私概念可不是自然淘汰，也不是天生自私。

第三个自私看法，是自私源于经济学的一个武断假设。在这假设下，究竟人类是不是天生自私或是不自私不能生存，皆无关宏旨。深入一点地说，这个武断的自私假设是经济学说的在局限下个人争取利益极大化。你给一个小孩子两个选择，同样的糖果他可以选一颗也可以选两颗，如果他选二弃一，就是自私了。

在改革开放的进程中，我们能清晰地看到中国对私有财产的保护力度日益加大。第十届全国人大第二次会议上审议通过了宪法修正案，将原宪法第十三条"国家保护公民的合法的收入、储蓄、房屋和其他合法财产的所有权""国家依照法律规定保护公民的私有财产的继承权"，改为"公民的合法的私有财产不受侵犯。国家依照法律规定保护公民的私有财产权和继承权。国家为了公共利益的需要，可以依照法律规定对公民的私有财产实行征收或者征用并给予补偿"等。

基于自私性原则，财富的传承自然成为中国新富要考虑的首要问题。否则，辛劳半生何苦来哉？在国家的鼓励下，新富应放胆保护自己的私有财产。

财富安全这头"灰犀牛"

承认危机的存在，定义风险的性质，不要静止不动。
——《灰犀牛》作者 米歇尔·渥克（Michele Wucker）

"灰犀牛"是近年的热门金融词。什么是灰犀牛？它是知名学者米歇尔·渥克在同名著作中提出的概念。如果说"黑天鹅"比喻的是小概率而影响巨大的事件，那么"灰犀牛"比喻的则是大概率且影响巨大的潜在危机。情况恰如在非洲草原上，灰犀牛体形庞大，极易看到，表面上无害，但是它一旦被触怒来袭击你时，能逃脱的概率就微乎其微了。

灰犀牛并非随机事件，而是人人都能看见的。但是，并非所有人都会采取行动积极防范。等灰犀牛开始朝自己跑来的时候，才悔之晚矣。正如罗大佑在《之乎者也》中所唱："大家都知之，大家都在乎，袖手旁观者，你我是也。"因此，只有防患于未然才是明智的决定。

2008 年的次贷危机就是典型的"灰犀牛"。在次贷危机发生前的10 年里，金融机构借了大量房贷给次级信用的顾客。然后，又将这些债务和其他资产重新组合，打包成各种信用衍生性产品，卖给其他投资客。这样层层转嫁的风险，最终酿成金融雪崩。房地美、房利美、雷曼兄弟、美林证券、摩根士丹利、高盛等大公司都大受打击。明明是投资，却玩成了"击鼓传花"的游戏。

"灰犀牛"在中国已有充分讨论。**中国当前公认的最大的三头"灰**

犀牛"分别是：**房地产泡沫、货币超发、银行不良资产。**

房地产泡沫是有目共睹的。2021年年初，一则新闻震惊世人："2020年深圳房地产总值大概151万亿元人民币，可以买下半个美国。"作为一个发展中国家城市，深圳房地产总值居然如此高企，实在令人手心冒汗。货币超发也不消多说。目前中国人理财的一个最大焦虑，就是如何才能跑赢通胀。中国货币超发20年，过量的货币流入实体市场和以房产为代表的金融市场，是导致人民币外升内贬的重要原因之一。至于银行不良资产，近年经过监管，已经控制在合理范围，但仍然是个值得警惕的指标。其实，三大"灰犀牛"是环环相扣的，这些"灰犀牛"总结成4个字，即财富安全。

既然认识到"灰犀牛"了，那么如何防范呢？其中有6点要义，总结如下：

第一，承认危机存在，不要当"装睡的人"。

第二，定义风险性质，认清自己的位置，衡量伤害的程度。

第三，不要静止不动，在行动中求安全。

第四，积极总结经验，不要浪费前人经验。

第五，精确看准目标，知道自己要去哪里，才不会盲动。

第六，只要成为发现者，就能成为控制"灰犀牛"风险的人。

中国过去的40多年，是巨变的40多年。很多人被时代推着向前冲，还没缓过神，就已经成了新富。所以，有人颇不自信，觉得自己的财富是凭运气得来的。但是"财神爷"从不掷骰子，**没有任何人的财富是凭运气得来的**。举凡富有之人，必有过人之处。当然话说回来，**也没有任何人的财富可以凭运气守住**。你赚到的钱如果不妥善规划，最后未必是你的。当人生旅程进入下半场，新富要好好思考财富安全的问题。

案例一

富过五代，把一代代人栽培成家族栋梁
——李佩材家族

一个半世纪以前，在广东鹤山，有个年轻人出走了。

鹤山在历史上是个颇为尴尬的存在。岭南有"四邑"与"五邑"两种说法，四邑分别是新会、台山、开平和恩平，它们时而带上鹤山组成五邑，时而又不带鹤山称为四邑。即便到了新中国成立后，鹤山的处境依旧忽东忽西，一下子划归肇庆，一下子划归佛山，一下子划归江门。而在清末的时候，那里真的是"穷山恶水"。于是，无数鹤山人不得不背井离乡，出去讨生活。

这个出走的年轻人，名叫李佩材（1863 ～ 1916，字石朋）。和他的许多同辈有别，李佩材没有出走美国或澳大利亚，而是辗转广州，最终在中转站中国香港留了下来。李佩材白手起家，先后创立"和发成"和"南和行"，主要从事越南和中国香港间的大米贸易。到他去世的时候，李佩材家族已经是香港开埠初期的华人"四大家族"之一，与何东家族、许爱周家族、罗文锦家族齐名。

李佩材家族在香港经营上百年，他们的故事，向我们展示了一个家族应该如何布局。

一代创业，二代爆发

李佩材有几房夫人，分别为侯容庄、任瑞芝、邹胜金。李家二代为"作"字辈，几房夫人为李家生育了四个儿子，分别为李作元、李作亨、李作联、李作芳。其中，李作联贡献最大。

李作联（1891～1953，又名子方）是李佩材与元配侯容庄之子，在家中排行老三，从小聪颖过人。李作联幼年被安排到广州接受私塾教育，随后回港入读皇仁书院。因为优异的学业表现，李作联成为1912年香港大学成立后的首届学生，1916年获颁文学士学位。

不过李作联大学毕业这年，不幸正好是李佩材去世的同一年。李作联本来有意赴英国深造法律，但家中群龙无首，他只好留下来与两位兄长共同接手打理家族产业。长兄李作元前往越南处理父亲在当地的业务，李作联则留在香港，照料米行和船务。同时，兄弟几人准备进军银行业。

20世纪初，香港地区的商业蓬勃发展，对金融业的需求倍增，开银行是许多新富不约而同的想法，无奈当时香港的金融基本上垄断于英国人之手。事实上，李佩材生前就有在香港创立一家华资银行的想法。李氏兄弟继承父亲遗志，拉拢曾在日本从事银行业的简东浦加盟，还争取到华籍要人周寿臣（中国香港的豪宅区"寿臣山"便以其名字命名）的支持。终于在1918年11月14日，经香港政府注册，李氏兄弟成立了东亚银行。开业仅10年时间，东亚银行分行已遍布香港、上海、广州和越南西贡等地，成为香港数一数二的华资银行。

经商以外，李作联为提升家族地位，亦积极担任社会公职。1923年，担任保良局总理；1931年，受任为非官守太平绅士；1936年，兼任香港大学校董。另外一些他担任的社会公职还有香港保护儿童会委员、香港防痨会委员、华人永远坟场管理委员会委员和华人庙宇委员会委员等。

李作联作为李家二代，终其一生都在为李家的发展而努力。他共有六子三女，加上其他兄弟所生的孩子，此时李家已经十分兴旺。李家对第三代管教有方，期许甚高。到第三代"福"字辈，其中的著名人士已颇多，如李福树、李福善、李福兆、李福和、李福逑等。家族成员多了，拥有不同天赋、怀抱不同志向的人也多了，便可以向各行各业布局，兄弟间互相配合，令李家发扬光大。

三代壮大

李作联的其中一个儿子李福逑（1922～2011）是李家进军政界的代表。他毕业于美国麻省理工学院，获理学硕士学位。1954年，他加入港府任助理教育官，次年转任官学生（政务官前身）。1960年，李福逑出任劳工处及矿务处副处长，开始他的从政生涯。1973年，时任港督麦理浩（Crawford M. MacLehose）改组政府框架，增设社会事务司一职，看中在港府经验丰富、家事显赫的李福逑。李福逑不仅成为首任社会事务司，更成为当时所有决策科首长中唯一的华人，同时还是所有华人政务官之首。直至1980年退休，李福逑在民政司、布政司、行政局官守议员等位置上，都担任过职位。他有两子两女，其中李国能最出名。

李作联的另一个儿子李福和（1916～2014）毕业于美国波士顿大学和纽约大学。李福和是李作联选定的东亚银行接班人，所以1940年李福和学成回港后，就进入东亚银行工作，从初级职务的助理会计员做起，逐渐晋升。1972年，在东亚银行工作了32年的李福和，接替荣休的简悦庆担任东亚银行总经理。在李福和任内，他要解决东亚银行如何面对香港回归的问题。李福和对香港前途抱持信心，同时积极拥抱内地的改革开放，在上海、深圳、厦门、广州、大连等地开设东亚银行分行。李福和在东亚银行一直工作到2008年才退休，时年92岁。

李作元的幼子李福兆（1929～2014）毕业于美国宾夕法尼亚大学。他自幼成绩优异，表现出众，毕业后投身证券界。1969年，香港远东交易所成立，李福兆担任首任主席。1986年，香港四间交易所合并，成立香港联合交易所（港交所前身），李福兆担任主席。不过，股市多跌宕。李福兆最出名的事件，是1987年10月19日发生被称为"黑色星期一"的世界性股灾时，联交所宣布停市4天，这成为其一生备受争议的事件。经典港剧《大时代》中的陈万贤（江毅饰演）一角，就是以李福兆为原型创造的。

李作元的另一名儿子李福善（1922～2013）是李家进军司法界的代表人物。他毕业于伦敦大学，获得法学士学位。毕业后，李福善在英国英格兰和威尔士高等法院大法官法庭办事处实习，直到1952年才返回香港。李福善回港时，正好遇上港府律政司首位华人检察官余叔韶辞职，于是填补遗缺上任。在长达35年的司法生涯中，李福善经历过无数大案要案，地位显赫。在《中英联合声明》发布后，李福善主持调查工作，整理出重要的民意报告。1987年，李福善从司法界退休。回归前夕，甚至传李福善有可能当选首任香港特别行政区行政长官。但实际上，他在东亚银行担任董事，直到2006年才告退任。

李福树（1912～1995）也是李作元之子，毕业于香港大学商科。他创办的"李福树会计师事务所"颇为有名，现任香港特区政府财政司司长陈茂波，便曾在他的会计师事务所打暑期工。由于李作元承继一部分李佩材遗留的大米和船运业务，所以李福树除了会计师业务，也负责经营家族的相关业务。除此之外，由于李作元投资不少地产，也给李福树留下了大笔遗产。除了打理财务，李福树亦涉足政界，对香港的税制改革、货币改革等产生颇大影响。同时，李福树是位资深球迷。1966年，他当选香港足球总会会长。李福树的后代当中，李国宝、李国章皆是李家第四代响当当的人物。

四代联姻

李家第四代是"国"字辈，其中的佼佼者有李国宝、李国章、李国能、李志喜、李国麟、李国纬等。除了继续在香港各界进行布局，李家第四代似乎也更加注重与香港其他大家族的联姻关系。

李福树长子李国宝（1939～）毕业于伦敦帝国学院和剑桥大学。他是东亚银行的主要继承者，现任东亚银行执行主席，也曾任香港行政会议成员，立法会金融界代表议员。李国宝的太太，是香港著名的"钟表大亨"潘迪生（潘家也是香港顶级富豪之一）的胞姐潘金翠。

李福树的另一名儿子李国章（1945～）则在香港教育界扮演举足轻重的角色。他毕业于剑桥大学，1981年获医学学士学位。1982年起，李国章加入香港中文大学，两度当选医学院院长。1996年，李国章出任香港中文大学校长；2002年起，又担任香港教育统筹局（教育局前身）局长。在任期间，李国章对香港教育进行了大刀阔斧的改革，例如将大学学制从3年改为4年。由于雷厉风行的作风，李国章被冠以"教育局沙皇"的称呼。目前，李国章是东亚银行董事局副主席。

李国能（1948～）是李福述的儿子，毕业于剑桥大学，获法学硕士学位。1973年，李国能回港成为执业大律师，后担任法官。1997年香港回归后，李国能得到特区政府重用，获第一任特首董建华委任成为香港终审法院首席法官。他在任超过10年时间，外界对他在公共服务方面的表现公认卓著，尤其对他成功实践一国两制概念下的新宪制的贡献多有称赞。李国能的太太胡慕瑛是知名的"胡关律师行"创办人之一胡宝星之胞妹，胡家亦是香港鼎鼎大名的商业大家族。

　　李家第四代中的知名人士太多，族繁不及备载。例如李福善长女李志喜是公民党重要成员，曾任香港大律师公会执行委员会主席。李福兆儿子李国麟是新沣集团主席，主要从事运动鞋制造和销售。李作芳的孙子李国纬，则是世界级华裔大厨和美食作家。

　　而今，李佩材家族已经传至第五代"民"字辈。"民"字辈多位"70后""80后"也逐渐开始在家族中扮演重要角色。比如，李国宝的儿子李民桥，毕业于剑桥大学法学院，现任东亚银行联席行政总裁，他的前妻是鹰君集团"太子女"罗宝盈。

　　盘点一下李沛材家族涉足的领域，除了商界、金融界，还有政界、教育界、法律界乃至文化界。李佩材家族完美展示了"富不过三代"并非魔咒，只要合理布局，徐图缓进，谨慎处理好家族成员之间的人际关系，不断拓展人脉，一个家族就可以踵事增华。

2

新富的财富
策略

从增值到保值

在所有的批评家中，最伟大、最正确、最天才的是时间。

——俄国文学评论家 别林斯基（Vissarion Belinsky）

屁股决定脑袋，人的所有决定都是所处位置决定的。早前处于财富原始积累阶段，投资倾向高风险高回报项目，是合情合理的。但**既然成为新富，投资策略就要从增值逐渐转向保值**。从调研来看，2009 ~ 2019 年的 10 年中，新富阶层的财富目标中"创造更多财富"比例急剧减少，这一趋势是合理且正确的。

新富的财富目标中，"保证财富安全"和"财富传承"成为最受关注项目。如果说，以前的思维是手上有 100 万元，如何在 3 年里把它变成 1000 万元；那么现在则应该思考，手上有 1000 万元，如何让它在 10 年后、50 年后、100 年后仍有相同购买力，并用 30 年时间，慢慢将它变成有相当于现在 1 亿元的购买力。

财富保值，就是保持财富的购买力。在全球化的今天，新富更应该思考财富的全球购买力。所以在经济层面，财富保值要面对的两大挑战分别是通胀风险和汇率风险。

先说说通胀。**通胀是很可怕的事情，它让财富消失于无形**。今年的 100 元可以买 10 斤大米，明年可能只能买 9 斤大米。多数人都已经意识到通胀的威胁，所以对抵抗通常充满焦虑。但是，仍然有人后知后觉。尤其在 2020 年之后，各国央行"大放水"，富人思维的人在囤积资产，但穷人思维的人在囤积现金。既然通胀是客观存在的，那么囤积的现金越多，"亏损"就越多。

这里岔开说一句，不仅中国，全球央行都在"大放水"，但放水目的是不同的，主要可以分为两类：第一类是刺激生产，以中国为代表；另一类是刺激消费，以美国为代表。两种策略会产生两种结果，前者如果成功了，中短期会较艰难，后期看好；后者中短期会较有效，但后期仍有不小风险。

再说说汇率。**货币是商品，汇率的本质，就是货币的价格。**在2015年之前，人民币持续了近10年的升值，走出国门的中国人渐渐感觉到，境外的东西越来越便宜。而在2015年之后的几年时间里，人民币断断续续又进入了贬值周期。但2020年年底，人民币突然杀了一个"回马枪"，又升了。在未来一个相当长的时间段内，人民币和美元会进行博弈。随着人民币国际化的战略推进，汇率肯定会反复升落，这给新富带来风险和机会，对这件事的认知决定了策略的制定。

中国内地有严格的外汇管制，想用外汇来保值财富并不容易。所以，新富阶层不少会在香港合理配置财富。香港地区没有外汇管制，货币可以无限量自由兑换。试想，在人民币低位的时候买入，高位的时候卖出，是不是就一本万利了呢？实际上，外汇是香港地区富豪理财必要的金融工具之一。

2021年是财富新旧时代的分水岭，也是新富从增值到保值的起始年。追逐收益的时代已经过去，防范风险的时代正式来临。从现在开始，忘掉过去那些赚快钱的日子，保住财富才是最重要的事。新富要重新理解收益——**收益是对风险的合理定价。**新富不该再承担过高的风险，所以要学习接受合理的收益。接受这一点需要时间，但时间，不正是我们最好的伙伴吗？

高净值≠富有

真正的强者，善于从顺境中找到阴影，从逆境中找到光亮。

——挪威剧作家　易卜生（Henrik Ibsen）

本书一直强调"新富"，而没有采用当下流行的"高净值"概念，是想说明一个道理，即高净值≠富有。二者有何区别？高净值可能是"伪富"，新富才是"真富"。

什么是高净值？高净值着眼的是资产总量，但资产总量并不代表可以动用的资本。比如在北上广深这样的一线城市，于核心地段拥有一套150平方米的住房，资产总量很可能就已经超过1000万元了。但这1000万元，并不是可以随时拿出来投资的资本。所以，前文对新富的定义才是"个人可投资资产超过1000万元人民币"的人群。

高净值和富有的区别，还在于获取财富的方式不同。德国财经作家博多·舍费尔（Bodo Schaefer）有本畅销书叫《财务自由之路》，副标题是《7年内赚到你的第一个1000万》。据说这本书帮不少人赚到了第一个1000万元。但这样就等于财务自由了吗？显然不是，否则作者就没必要再出版此书的第二部、第三部了。实际上，真正的财务自由必须满足一个条件，那就是：**95%的收入要来自资产性的被动收入**。当一个人只有1000万元的时候，需要完成买房、结婚、养育、创业等人生大事，肯定没办法实现财务自由。换句话说，如果一个人能拿出1000万元来投资，那么其资产肯定远超1000万元。

被动收入何以重要？因为**只有被动收入，才可以释放出人的时间和生命价值**。有次，华人前首富李嘉诚在一场讲座中问台下的听众："知不知道富有的定义是什么？"众人困惑，难道富有的定义不就是很有钱吗？李嘉诚摇手道："富有的定义是，当自己不工作，或者失去手头的工作时，还可以让自己和家人衣食无忧地生活下去。"这就是被动收入的意义，也是富有的真谛。

拥有金山银矿，也有挖掘完的一天，不值得羡慕。真正的有钱人，在不工作的时候，仍有早已部署好的基金、信托、股票、公司、物业等，帮助他们维持良好的生活。**赚钱多少不重要，赚钱多久才重要——这便是钱的第四维**。如果一个人来日无多，又有必须持续赚钱的任务，该如何是好呢？在此分享智利社会主义作家罗贝托·波拉尼奥（Roberto Bolaño）的故事。

波拉尼奥自诩为托派分子，前半生一直从事社会主义革命，同时也是一位杰出的诗人。这样的生活一直持续到 1990 年他的儿子出生，那年他 37 岁。波拉尼奥从此改变，决定好好工作。但不久，他就被确诊患上不治之症。为了能让儿子在他去世后健康快乐地长大，波拉尼奥深知必须有一笔持续的收入作为遗产。但一贫如洗的他有什么可以留给儿子呢？在人生的最后阶段，他创作出被誉为 21 世纪最伟大长篇小说的《2666》。2003 年，波拉尼奥去世，而他的家人，至今仍收到版税。

波拉尼奥是常人不可复制的案例，需要极高的才华与偶然性。但是这个故事告诉世人的道理是放之四海而皆准的，那便是：我们需要一些工具，让财富可以穿透时间，惠及我们深爱的人。新富不必具备波拉尼奥般的才华，只需要持续学习，善用金融和法律工具。

浮士德的赌局

决定一个人的一生，以及整个命运的，只是一瞬间。

——德国著名作家　歌德（Johann Goethe）

2017 年年底，财经作家吴晓波在北京大学做了一次发言，其中讲到 20 世纪 90 年代他作为新华社记者去温州采访的一段经历。当地是中国最大的铜火锅集散地，但这种生意在那时是违法的。当时有个老板跟吴晓波说："吴记者，一切的改革都是从违法开始的。"后来朱镕基总理给了批示，违法才变合法。

中国改革开放 40 多年，不知有多少创新，起初都是从"违法"开始的。就像当年安徽小岗村搞的"家庭联产承包责任制"，最初几个农民就是冒着"杀头"的风险，写下生死书，"违法"去干的。中国新富中有多少走了这条道路？不得而知，但从常理推想应该为数不少。

随着法治社会的健全，通过"违法"创造财富已经成为往事，新富在人生的下半场，不应该再冒风险去做"违法"的事情，他们接下来的任务是在合法的框架内，做好财富的传承。于是新富又面对新的困境，就是在拥有丰厚的物质后，如何完成精神的升华。新富的困境，令人不由联想起德国作家歌德的名著《浮士德》。

在书中，浮士德博士甫登场，就是满腹经纶的形象，如同已经完成了财富积累的新富。但是浮士德很苦恼，他虽然学富五车，但在象牙塔中无法完成自我的突破。新富也一样，上半场太累了，难免心生"何苦来哉"的天问。为了解脱，浮士德想到了自杀。此时，魔鬼出现了。魔鬼诱骗浮士德签订了一份合约，答应带他尝试未体验过的人生，代价是浮士德死后魔鬼获得他的灵魂。浮士德答应了，于是开启了全新的人生之旅。

浮士德先是返老还童，年轻体健的他走出书斋，邂逅了美丽的少女葛丽卿，陷入爱河。获得新生的浮士德，对尘世爱欲的追求连魔鬼都看不下去，嘲讽他是"登徒子之流"。这种情况，一些新富是否似曾相识？人到四五十岁，觉得自己辛苦半生，功成名就，而和自己共同奋斗的伴侣也已步入中年，好像生命中有点遗憾，于是想要"第二春"。不过，浮士德和葛丽卿的爱情最终以悲剧收场，葛丽卿遭到了上帝的惩罚。很快，浮士德也厌烦了这种肤浅的男欢女爱，想要逃离。

接着，浮士德又去体验了政治生活。他投身政治，追求功名，帮助国王解决了财政危机。他还穿越时空，来到一个类似古希腊雅典城邦的地方，在那里见识到了和谐与静谧之美。他追求古希腊美女海伦，并和海伦结合生下儿子。但不幸的是，儿子很快夭折，海伦也悲痛离去。这也和一些新富的境遇相同，一些人"商而优则仕"，追求从政的快乐。但滋味如何，冷暖自知。

最后，浮士德决定回到现实，他勇敢面对，带领人们披荆斩棘，克服困境。按照约定，浮士德死后要把灵魂交给魔鬼。但上帝出手相救，让浮士德终于能上天堂，并见到了葛丽卿。

浮士德的赌局，正是给新富最好的示范。在完成财富积累后，难免会迷失，追求爱欲，追求权力，或者追求更多的财富，都不乏其人。但人们终究要面对现实，知道什么是自己应尽的义务。**对于家族观念浓重的华人社会来说，为家族做好合理安排，让家族永续富裕，才是新富下半场最重要的事业。**越早意识并接受这点，拥有的时间就越宽裕。

"手滑鼻祖"的忠告

赚钱，是最重要的美德。

——日本企业家　堀江贵文

2017年，美国华尔街投资大师吉姆·罗杰斯（James Rogers Jr.）说："21世纪是中国的世纪。"

时光倒转，如果站在21世纪之初——2001年年中，国际奥委会主席萨马兰奇宣布北京申奥成功；当年年底，中国正式加入WTO——听到这句话，中国人虽踌躇满志，但脸上仍会流露些许狐疑：一个积贫积弱的国家，当时人均年购买力才3180美元，何敢出此大言？然而20年过去后，几乎没有人还会质疑中国在21世纪将发挥的巨大决定性作用。

而吉姆·罗杰斯这样的欧美投资者们，更是用真金白银的实际行动向世人展示诚意。他信誓旦旦道："我投资中国股票，把它们留给我的孩子们。过了50年甚至60年后，人们会发现我的智慧。"

不过，在热火朝天投资赚钱的同时，中国的新富阶层好像忽略了一点，那便是，欧美投资者身处金融完善、法制健全、信息透明的西方社会，他们的财富在中国、东南亚等新兴市场（Emerging Markets）增值的同时，也在欧洲、美国、澳大利亚等成熟市场（Mature Markets）保值，他们绝不会把所有财富都投入新兴市场。正如一支足球队不会让所有球员都充当前锋，从而中门大开一样——这也是欧美投资者能够云淡风轻地谈论投资中国的底层逻辑之一。

相对于社会，个人或家族财富显然面对更大的风险与挑战。社会整体财富增加的同时，一个家族若对财富处理不善，将会导致整个家族阶层的流动。

这时候，让我们把目光回溯到100年前的香港地区，那时的华人首富名叫何东（Sir Robert Hotung）。何东华洋混血，但其终身都以华人自居，他也是第一位在英属香港取得社会地位的华人。和多数当代新富类似，何东终其一生克勤克俭，严于律己，审时度势，八面玲珑。同时他也非常爱国，在他声望日隆时，还在为平息中国内战四处奔走，在各军阀间游走。而到了晚年，阅尽白云苍狗的何东给族人留下的家训，则是浅显又有力的两点（粤语）："一要勤力，二要银子在手搓到实，千祈唔好跌手！"翻译成普通话就是：**"一要勤奋，二要把钱牢牢握在手里，千万不要手滑！"**——何东，真可谓是"手滑鼻祖"。

为什么会"手滑"？投资过的人都知道，市场是瞬息万变的，不仅受制于经济规律，还随时受政治的影响，更加不确定的因素则是人。经济周期、税务政策、国际格局、结婚离婚等，都有可能将创富者（Wealth Creator）的毕生心血付诸东流。所以，无论创富者如何苦口婆心地对家族成员进行道德教化，都无法完全避免"手滑"的现象出现。更何况，假如不做准备，数代之后子孙或许早已忘记创富者的艰辛了。

何东家族是香港典型的"贵族"阶层（Old Money）。这一阶层有两大特点：**第一，有钱；第二，低调。**我们如果深入研究会发现，像何东这样的家族，有钱着有钱着，世人便不知道其整个家族到底有多少钱了。这并不是说他们的家族没落了，而是他们运用了一些财务上、法律上的工具，将财富合法隔离及隐藏起来了，以保障家族成员永远不可能出现"手滑"的意外。例如设立家族信托，使得族人即便离婚也不会使家族财富有所损伤（参考第三章"持续方案：信托"）。类似这样的家族在香港有很多，比较知名的还有嘉道理家族、利希慎家族等。学习这些家族的经验，有助于新富的财富规划。

历史学家许倬云曾说："全世界人类走过的路，都算我走过的路。"——让我们少走弯路。

拒绝"反金融"

我生来一贫如洗，但决不能死时仍旧贫困潦倒。

——金融大鳄 索罗斯（George Soros）

金融在内地被认为是"新兴行业"，近 10 年才有较多从业者。而在西方，金融则是非常传统的行业。实际上，金融是自人类经济行为出现以来就应运而生的古老产物。不同人对金融有不同的定义。1915 年出版的《词源》中对"金融"的解释是这样的："今谓金钱之融通曰金融，旧称银根。"1990 年出版的《中国金融百科全书》中对金融则是这样解释的："货币流通和信用活动以及与之相关的经济活动的总称。"但有一点是相同的，金融绝不是此时此刻的金钱，而是能够穿透时间的、与金钱相关的经济活动。

广义而言，给金钱注入时间元素，便构成金融行为。例如租房时要交一个月押金，退租时归还，就是金融。又如借贷，今年借明年还，要额外支付利息，也是金融。再如众筹，先收钱，再完成允诺的工作，仍是金融。更不必说股票、债券、保险等，皆为金融。

在当代社会，人人都应该学习金融知识。学习金融知识不是为了从事金融工作，而是拒绝成为一个"反金融"的人。什么是"反金融"的人？就是拒绝承认金融知识重要性的人。现在很流行一个词叫"韭菜"，多数人沦为"韭菜"的主要原因，正是"反金融"。有些新富可能很会做生意，但同时又"反金融"。于是他终其一生都只是个"买卖人"，更不可能做到合理的财富传承。

出道思考题。比如贷款 10 万元，分 10 个月归还，放债机构宣称每月只需要支付利息 5000 元，请问：月利息是否即为 5% 呢？答案是：错。正确答案是第一个月的利息是 5000 元除以 10 万元，即 5%。但第二个月因为本金只有 9 万元，所以第二个月的利息是 5000 元除以 9 万元，即 5.6%。以此类推，到最后一个月，利息是 5000 元除以 1 万元，即 50%。假如放债机构一开始便告诉你，借款 1 万元，利息 50%，你还会借这笔钱吗？恐怕未必。

从社会层面说，拒绝"反金融"，重要的是普及财商（FQ）教育。我们的教育，多重视智商（IQ）教育，近年因为许多专家的呼吁，家长才开始重视情商（EQ）教育，但是在财商教育方面仍是很缺乏的。受传统文化影响，多数中国家长不愿和子女讨论金钱，也不知道如何与子女谈论金钱，更有甚者教育子女"钱很脏"——这种思维急需纠正。

欧美发达社会在财商教育方面，领先中国久矣。即便在中国香港的基础教育中，商科（如会计学）亦是小学、中学必修的科目。小学生就要明白什么是正向现金流，中学生就要懂得复利的计算方法。所以在香港地区，普通人都能看懂银行的理财产品。在中国内地，金融也会成为未来的显学，因为在一个金融社会，不具备金融知识是极容易掉进金融陷阱的。"反金融"的人，便不可抱怨沦为"韭菜"。

中国人要学习正确看待金钱。**金钱既不能贪恋，也不是万恶之源，它只是一种工具。**什么工具呢？用经济学家哈耶克（Friedrich Hayek）的话说："金钱是人类发明的最伟大的自由工具，只有金钱会向穷人开放，而权力则将永远不会。"我们要善于运用钱的第四维，合理的投资与借贷，能释放出金钱的能量。这种思维，正是金融的思维——拒绝成为一个"反金融"的人。

永远不要感情用事

放情者危，节欲者安。

——三国时期的文学家　桓范

当一个穷人突然获得 500 万元甚至 1000 万元横财的时候，接下来会发生什么？类似的案例我们在新闻中屡见不鲜，例如有人中彩票，或者获得巨额拆迁安置费等。这些暴富者的结局，多半是守不住财的。

暴富者可能从未尝过有钱的滋味，过去可望而不可即的东西都想试试——名牌穿起来，跑车开起来，盛宴吃起来。这些是人之常情。而当你想要花钱的时候，狐朋狗友就会凑过来，带你去花一些不该花的钱，例如赌博。定力稍微不足，就被带跑了。很快，无论你有多少钱，都会败光。

暴富者还可能遇到亲朋好友来借钱。张三借一点，李四借一点，王五借一点，你的钱就被借光了。接下来，你就陷入痛苦而困难的追债生涯。

以上两种情况，犯了同一种错误，叫"感情用事"。朋友招徕，你不想驳人面子，就服从了；亲朋伸手，你不想被指指点点，就屈从了。可能在通常情况下你是个理智的人，但暴富令人失去理智，忘记了一些基本道理，那便是：勤俭持家，救急不救穷，该花的钱不能省，不该花的钱不能花。

其实，暴富者只要做一些简单的操作，就可以杜绝以上这些事发生。比如，拿到钱立刻去做一个 5 年期的定存。给自己 5 年时间，再怎么激动都会冷静下来。但是，定存还不够安全，毕竟定存是可以提早赎回的，万一别人巧舌如簧，还是容易损财。那么，就不如把钱拿去投资理财型保单。一张理财型保单通常要 8 年左右才回本，提前退保可能分文取不回。如此这般，有人找你花钱或借钱的时候，你就可以冷静客观地告诉他真的没钱。接下去，该怎么过还怎么过，待 5 年、10 年之后，什么问题都想清楚了。

新富有钱，但仍难避免感情用事。比如有亲戚做保险，天天上门推销，新富出手又阔绰，有的人就买了成百上千万的保险。保险是必要的，但过度投资保险是不合理的——实际上，过度投资任何单一产品，都是不合理的。只要把超过总资产 20% 的钱投入单一产品，都是极不合理的。

那么，避免感情用事，有没有方法呢？是有的。**方法有两种：1. 投资自动化；2. 交给专业人士。**

投资自动化（automatic），指的是用一系列财务安排，让资产进入一个"自动挡"的模式，自动盈利，自动分配。要实现投资自动化，必须要集齐多种财务工具，相互配合。对超级新富，建议使用家族办公室来实现投资自动化。家族办公室，相当于雇佣一群私人财富管家。

把财富交给专业人士，是另一种避免感情用事的方法。在未来，中国会逐渐步入专业主义社会（参考第七章"专业主义"），金融领域细分的专家也会越来越多。所谓专业，就是避免凭感觉行事。

金钱是工具，其本性是无情的，但落在有感情的人手上，使用时便会感情用事。不要区分积极的感情和消极的感情，投资时举凡感情都是不必要的。**多数时候，投资就是和人性的斗争**。所以，在研究投资战略、战术之前，先排除感情的干扰，或许更为重要。

全球性眼光

当世界变平时，最大的竞争是你与你的想象力之间的竞争。

——普利策奖得主　托马斯·弗里德曼（Thomas Friedman）

世界经济一体化是不可逆的趋势，经历二战以后，全球政府都意识到，**只要商品能跨越国界，士兵就不用跨越国界**。而在世界经济一体化进程中，中国无疑是这支队伍的排头兵。中国用改革开放40多年的经历证明了这一点。所以，中国人没理由不清楚全球性眼光的重要性。不过，在全球财富配置方面，中国新富还有颇长一段成长之路要走。

资料显示，发达国家家庭在全球进行财富配置的比例约为15%，而中国家庭远远落后，比例仅为4%～5%。聚焦到新富阶层来看，中国新富的全球财富配置比例也远远落后国际平均水平——国际平均水平为24%，而中国仅为5%。从中长期看，新富财富全球配置是大势所趋。

为什么说是大势所趋？看看数据就知道了。国家外汇管理局发布的《中国国际收支平衡表》显示，2015～2019年，"净误差与遗漏"分别为（亿元人民币）-12613、-14589、-13896、-11783、-8916。什么是"净误差与遗漏"？简言之，就是对不上账的钱。2015年之前，通常"净误差与遗漏"只有3000亿～5000亿元人民币，但从2015年起，数字一下子增大了。

一般很容易把"净误差与遗漏"的负值和"资金外逃"联系起来。心平气和地看，或许其中是有一部分不法的资金外逃，但更多的，则应该是正常需求。所以虽然 2015 年之后，国家不断加强外汇管制力度，却仍无阻这一现象继续存在。这符合经济学的基本原理，需求是硬道理。如果正面看这个现象，它只是新富"全球财富配置"的刚需。既然如此，外汇管制只是增加资金流出的难度，无法治本。

中国已经进入"十四五"（2021～2025 年）时期，随着情况变化，人们对经济增速要有合理的预期。社科院工业经济研究所副所长李雪松建议，将"十四五"期间年均经济增速预期目标设在 5%。财政部前部长楼继伟 2021 年 2 月也直言，目前中国财政"面临的形势极为严峻，风险和挑战巨大"。

既然全国经济增速在 5%，那么个别投资项目的安全平均值也应该在 5% 左右。然而，国内 M2 居高不下，对新富来说通胀压力巨大。在这种情况下，把目光投向全球，即为合理且必须要做的部署。实际上，国家也是这么做的。"一带一路"倡议，不就是中国资本全球投资的布局之一吗？

当然，将财富通过合法形式转移至全球进行配置，是其中一种方法。即便不这么做，也可以在境内通过间接方式投资全球的项目，比如购买一些在全球投资的组合基金等。

特别值得一说的是，如果选择直接全球财富配置，中国香港是一个非常好的投资目的地。香港既是境外，又属中国，还是和纽约、伦敦齐名的国际金融中心（统称"纽伦港"）。全世界的财富，都在香港进行交易。它不仅应该成为香港市民的福祉，更应该造福所有内地居民。早前开通的"沪港通""深港通"，已经为内地居民提供了港股投资渠道，目前正在筹备的"跨境理财通""保险通"等，还会进一步打开内地居民在基金、保险、银行理财产品等方面的香港地区财富配置窗口。

男性财富观：进取

> 给一个忙碌的男人当妻子是多么幸福。
>
> ——法国作家 巴尔扎克（Honoré de Balzac）

西方有句谚语叫"赌场选女婿"。什么意思呢？不是说真的要让女儿嫁给赌徒，而是说要找一个财富观健康的男人。在赌场里，可以看到人性——一个人会不会适时止损，懂不懂见好就收，能不能遇挫不丧等。这些素质，对家族来说都非常重要。在传统男权社会里，如果家中只有女儿，那么选一个好女婿来继承家业是非常重要的。当然，到了当代，就没必要说这些了。

这里说的"男性财富观"和"女性财富观"，实际上指的是"男性思维"和"女性思维"在财富观上所起的作用，无论男性女性，都应该发挥男性思维（简称"男性"）和女性思维（简称"女性"）的长处。《瑞银投资者观察》的一份调查显示，总体而言，男性更理性、宏观、进取，女性更感性、微观、稳健。男性更倾向将金钱与权力、自由联系在一起，而女性更倾向将金钱与爱情、浪漫联系起来。

男性从小就被灌输要赚钱，快速积累财富。整体而言，社会对男性的评价标准单一，因此男性倾向用财富彰显身份地位。在花钱方面，男性较为功利主义，喜欢投资。投资不一定只是投资理财，也泛指投资在自己身上，包括花钱考各种证。所以，**男性在承受风险的意愿上普遍高于女性。**

男性的进取还表现为，他们喜欢努力争取自己想要的，即便想要的是他们"不配"的，也会尽力试一试。所以，男性比较爱做"一夜暴富"的梦，即便投资失败，通常也不会在自己身上找原因，而是**怨天怨地怨市场**，总觉得自己是没问题的。这种"迷之自信"，女性较少有。

在好莱坞电影《华尔街：金钱永不眠》（*Wall Street: Money Never Sleeps*）中，迈克尔·道格拉斯（Michael Douglas）饰演的戈登，为了金钱甚至可以利用女儿作为交易筹码。虽然电影有艺术加工的成分，戈登的手段要批判，但它对男性财富观进取的刻画方向是符合某些现实情况的。因地制宜看问题，男性这种充满荷尔蒙的进取心态，有助于积累财富，却不利于守住财富。

一个值得关注的现象是，同是华人社会，内地和香港地区男性主导家庭财富的情况截然不同。

一份报告显示，内地有49%家庭由女性主导财务决策，而香港则有71%家庭由男性主导财务决策。这一现象的背后，正展现出"新富"和"贵族"在历史进程中的区别。香港地区作为有大量"贵族"的地区，在上百年的传统中，家族财富基本上都是男性族员创造出来的，是故男性族长掌握家族话事权顺理成章。与香港地区情况极为类似的是新加坡，72%的新加坡家庭由男性主导财务决策。

相比之下，内地新富在过去几十年的财富积累过程中，男女家庭成员的贡献相对较为均衡，所以在家庭经济地位上也相对较为平等。一个在外赚钱，一个在内守钱，不分男女，是许多新富家庭的共同特点。因此，内地家庭在财务决策中，有近半家庭由女性主导是可以解释的。而新富家庭在从增值到保值的蜕变过程中，女性又因更擅长稳健的防守型思维，更加应该在家庭决策中发挥主导作用。

女性财富观：稳健

> 不亲手赚钱的人，往往不贪财。
>
> ——古希腊哲学家　柏拉图（Plato）

明代作家冯梦龙在《警世通言》中有一章名篇叫《杜十娘怒沉百宝箱》，讲述杜十娘和书生李甲的故事。这是中国古代文学中少有的可以体现"财富观"的作品。还记得杜十娘在"怒沉百宝箱"前说的那段气吞山河的话吗？简直代表了传统社会女性对男性的控诉——"妾风尘数年，私有所积，本为终身之计。自遇郎君，山盟海誓，白首不渝……谁知郎君相信不深，惑于浮议，中道见弃，负妾一片真心。今日当众目之前，开箱出视，使郎君知区区千金，未为难事……"说罢，"十娘抱持宝匣，向江心一跳……可惜一个如花似玉的名姬，一旦葬于江鱼之腹"。

冯梦龙字字珠玑，向读者展示了女性的五大财富观：

1. 女性求稳健。女性通常从小被教育要存钱，以防万一。这一特质在创富阶段是需要压抑的，但是在守富阶段是值得提倡的。

2. 女性本能躲避风险。在一项调查中，当被问及是否愿意为获得平均以上的获利而承担风险时，30% 男性愿意，但是只有 19% 女性愿意。

3. 女性用金钱照顾别人。女性是天生的"照顾者"，**当女性有钱的时候，就喜欢给别人买东西，甚至愿意为了他人牺牲自己的金钱。**

4.女性容易感情用事。女性愿意为自己喜欢的人花钱，也愿意掏钱购买自己喜欢的东西。喜欢有时候是理性的，但更多时候是感性的。

5.女性比较被动。在理财上，女性更期待别人告诉她怎么做，或者跟从效仿，而不是主动学习。女性通常也只取自己觉得应得的财富，不贪心。

以上五大财富观各有利弊，前三点值得发扬，后两点需要改正。如果发挥得当，女性将在日趋成熟的新富家庭中扮演越来越重要的角色。如今，大部分女性都有着很强的理财意识。一份调查显示，结婚是女性财富观的转折点。婚后，女性更容易调整到家庭视角。对家庭的责任感和保护意识会影响女性的财富观。相对男性来说，更多女性期望通过制订长期投资规划来为家庭提供良好的保障。

另外，在财富观上，女性还有以下 5 点常见错误：

1.贪小钱花大钱。"买二送一"之类的促销手法，对女性尤其管用。尤其在电子支付时代，不存在"没带钱"的情况，女性更容易乱花钱。

2.贪恋稳定。稳健是好事，但过度贪恋而原地不动，显然不是好的决策，要制订周全的理财计划。

3.感性投资。无论是跟风买黄金、买 P2P 产品还是买股票，通常都是熟人介绍，不好意思拒绝。

4.对财富缺乏想象力。不给自己设立一个"想要"的目标，对眼前所得已经很满足。

5.轻易借钱给人。救急不救穷是可以的，但女性常会稀里糊涂地借钱给人，结果有去无回。

不过还是有必要重申一下，这两节所讲的"男性"和"女性"不是性别，而是"男性思维"和"女性思维"。读者切不要以此来攻击任何具体的个人，而应以此反思自己是一个偏"男性思维"还是"女性思维"的人。对新富阶层来说，务必培养和发挥自己"女性思维"的特质，这对把个人变成家庭，把家庭变成家族，进入"钱的第四维"，是很有必要的。

家有悍妻，宁波籍香港富豪遗愿难圆
——陈廷骅家族

中国香港的法律是极其尊重个人意愿的。但是处理不当，个人意愿或许就不能如愿。

在香港地区，陈廷骅是一位赫赫有名的富豪。作为白手起家的"宁波帮"港商的代表人物之一，陈廷骅早于1990年便跻身"香港10大富豪"，和"世界船王"包玉刚、"影视大亨"邵逸夫等齐名，人称"棉纱大王""地产大王""窝轮（即认股证，窝轮为香港地区对warrants的音译）大王"。由于陈廷骅的佛教信仰，他乐善好施，广受尊敬。可是谁知这样一位"大善人"，晚年罹患认知障碍后，却遭到妻子背叛，还酿出家族争产大案。

白手起家，富过李嘉诚

陈廷骅1923年出生在宁波一个以屠宰牛为业的家庭，20多岁到上海做学徒，结识"颜料大王"周宗良。周宗良和陈廷骅是同乡，是一名热爱公益事业的商人，也是中国红十字会的创始人之一。大概是受周宗良的影响，陈廷骅一生也矜贫救厄。

周宗良非常欣赏及提携陈廷骅，觉得他虽然年轻，但聪明能干。其实陈廷骅的经商头脑，与自己的家庭熏陶不无关系。他从小看父亲做生意，最擅长谈判、讲价。

1948年，周家赴香港定居。周宗良因为三个儿子年幼，于是把企业托付给两位同乡打理，其中一位即陈廷骅。陈廷骅辅佐周少，但不幸的是不久周少被骗自杀，周家败落。

此时，陈廷骅只好带着妻子杨福娥创业，在中环开了一间办事处，经营棉纱布匹买卖。

1954 年，陈廷骅创办南丰纺织有限公司。他选择在当时属于偏远郊区的荃湾设立南丰纱厂，很多人都不看好这一决定。但陈廷骅这个人，出了名性格孤僻，特立独行。在他的坚持下，不仅南丰纱厂办得风生水起，还逐渐吸引其他同行过来，把荃湾发展成为香港的棉纺中心。

赚到钱的陈廷骅陆续收购纱厂附近的土地，扩充厂房。而他眼光独到，收购的土地中，就包括现今毗邻荃湾地铁站的南丰中心。

1970 年，在汇丰银行的策划下，南丰集团上市，筹集资本 2800 万港元，用于研发新产品。南丰的创新，令它很快打开国际市场，陈廷骅遂成为"棉纱大王"。

20 世纪 70 年代，香港地区经济开始起飞。港英政府出于发展的需要，开始动新界的主意。按照法理，新界是租借地，与香港岛和九龙半岛不同。于是，港英政府就想出"土地期权"的妙招，来开发新界土地。"土地期权"的其中一种方式，是拿"农地"换"屋地"，换地比例为 5：2，需要补地价。香港的多家地产商，如华懋、新鸿基、恒基等，都是借此东风起家的，南丰亦不例外。拥有大量现金的陈廷骅，取得新界的大量土地，华丽转身为"地产大亨"。

1989 年香港遭遇股灾，很多人损失惨重。但陈廷骅看到机会，以区区 10 亿港元价格回购所有股份，将南丰私有化。从此，外界便无处得知南丰集团的真正实力。我们只知道在 1989 年这年，陈廷骅的南丰集团是仅次于李嘉诚的长江实业的香港第二大财团，当时市值超过 1000 亿港元。陈廷骅的个人资产，更是超过了李嘉诚。加上陈廷骅为人非常低调，所以外界只知道他资产雄厚，但具体多少，无从稽考。

陈廷骅理财十分有道，往往在逆市中大赚一笔。1997 年香港地区受到金融风暴打击，陈廷骅借钱救富豪朋友，先后入股信置、丽展、世纪城市等上市公司。他的出手，不但帮这些公司渡过难关，也让他自己赚得盆满钵满。仅信置的交易，他就赚得两亿港元。

住"女生宿舍"的富豪

陈廷骅有个特色，就是在香港生活大半生，但是不会讲广东话。他平时多和"宁波帮"商人混在一起，唯一的知己是同乡邵逸夫。他信奉净土宗，曾斥巨资资助佛学研究以求往生。另外，陈廷骅还热爱京剧，提倡国粹。他在内地资助兴办戏剧学校，培育人才，经常赞助内地知名京剧团来港演出。因此，他曾受到国家文化部表彰，被授予文化交流贡献奖。

陈廷骅只有一位妻子，名叫杨福娥。为什么他不像其他香港富豪那样三妻四妾呢？据说是因为杨福娥性格泼辣，对他看得很紧，陈廷骅总是避免与她发生正面冲突，所以在圈中落得"妻管严"的称号。陈氏夫妻没有儿子，只有两个女儿，分别是陈慧芳和陈慧慧，因此家中和"女生宿舍"似的。陈廷骅的一生，被女人（太太）管得死死的，同时他所有的希望也都在女人（女儿）身上。

大女儿陈慧芳从小成绩平平。她早在 20 世纪 70 年代就扎根美国洛杉矶，和菲律宾籍的师兄结婚。陈廷骅传统思想浓重，对大女儿的这桩婚姻很不满意。20 世纪八九十年代，陈慧芳想要在美国做投资，先后搞过地产项目、科技项目，但并不理想。据说光是她投资的生物科技公司，3 年间就亏损了 60 亿港元。加上后来她又离了婚，就在美国逐渐过上了普通的平民生活。

陈廷骅偏爱小女儿陈慧慧。据说，陈慧慧 1978 年出国留学，笃信佛教的陈廷骅特意为她准备了精简版丰子恺的《护生画集》，希望女儿虽然身在海外，闲时仍可阅读。1985 年，陈慧慧学成回港，旋即加入南丰集团，跟着父亲学做生意。陈廷骅呕心沥血，一手栽培小女儿成为南丰接班人。

陈慧慧十分听父亲的话，嫁给门当户对的香港富商张祝珊的孙子张炽堂，育有一子两女。可惜后来两人还是离婚，陈慧慧又嫁给名门出身的律师司徒启瑞。婚后，司徒加入南丰工作，此举遭到陈慧芳的强烈抗议。更加之司徒曾犯下严重决策错误，导致南丰巨额亏损，一度被陈廷骅请走。直到陈廷骅认知障碍严重后，陈慧慧才又把司徒请回来，这也成为后来争产案的其中一个伏笔。

1995 年的某天，陈廷骅突然对妻子杨福娥说，自己不记得为什么要把公司交给陈慧慧了。后来经过医生诊断，陈廷骅确诊了认知障碍。根据医学和法律的认定，认知障碍若发展到一定程度，就会判定患者丧失民事行为能力，患病后所立或修改的遗嘱也无法律效力。而根据陈慧慧后来的说法，陈廷骅之所以这么早就把公司交给她，是为了避免遗产税（香港地区 2006 年才废除遗产税）。

很多人可能都下意识认为，只要生前订立遗嘱，身后就万事无忧，陈廷骅也是这么想的——但实情大大不然。香港人常喜避讳，觉得"遗嘱"二字不吉利，于是给它起了另一个名字"平安纸"。然而，"平安纸"绝不平安。其中一个原因，正如陈廷骅的遭遇。他在丧失民事行为能力后，无法再对遗嘱进行管理或更改，他在患病前所立的那份遗嘱，便成为其家族争产案的焦点，所有人都打它的主意。

遗嘱订立人当然有权根据自己的意愿分配遗产。然而根据普遍对人性的基本认知，遗嘱启动之时，和遗产相关的所有人，心里都有自己的算盘。他们是否有权阅读遗嘱内容？有的。而当所有人看到遗嘱的内容，遗嘱订立人只要稍微有失公允，一碗水端不平，纠纷便是无可避免之事。

家族四分五裂

陈廷骅生病后，晚景凄凉。有一天，杨福娥在家中无意间找到一份陈廷骅订立的遗嘱，结果发现，陈廷骅有意将全副身家的 95% 捐赠给由陈慧慧管理的慈善基金会（主要帮助中国内地和香港地区的医疗、教育事业），其余 5% 再由家人平分。据传闻，这样一来杨福娥只能分到陈廷骅千亿资产中的 15 亿港元。

毕竟陈氏夫妻相守一辈子，陈家的基业也是杨福娥从头参与，从零开始搭建起来的。所以陈廷骅的这个意愿，杨福娥断然难以接受。不知道她有没有咨询专业意见，但最终她想到一个"妙招"，就是趁陈廷骅尚在世，赶紧提出离婚。虽然陈廷骅身患重疾，在金钱面前，她也顾不上夫妻情谊了。2009 年，杨福娥以陈廷骅做出了"不合理行为"为由提出离婚。这样的"脏水"，对一辈子行事低调且乐于助人的陈廷骅来说，真可谓是无妄之灾，让他险些晚节不保。

经过一年分居，次年杨福娥得偿所愿，分走陈廷骅的一半资产，总值数百亿港元。而陈廷骅"被离婚"后，于 2012 年含恨离世。那么，他剩下的一半资产，有没有按照他的意愿，95% 捐赠给慈善机构呢？

2009 年起，陈慧慧正式接管南丰集团。得知母亲要和父亲离婚，她自然要施加影响。杨福娥怀恨在心，准备和小女儿开干。2010 年，离完婚的杨福娥再以一纸状书控告小女儿，指陈慧慧使用误导手段影响了陈廷骅的判断，让他在财产分配上令杨福娥蒙受损失，以此索取赔偿。最终陈慧慧败诉，被责令支付杨福娥 87 亿港元作为赔偿。其后陈慧慧上诉，官司一直打到 2020 年杨福娥去世还没打完。但这场官司不会因此了结，杨福娥的遗产继承者或许仍会继续和陈慧慧打官司。

一代商业巨人，最终竟然因为遗产问题把全家搞得鸡飞狗跳。如果时光倒流到 1950 年，在香港经营小生意的陈廷骅，能想到半个多世纪后，家人会反目成仇吗？如果能想到，他还会在商海生涯的许多关键时刻奋勇争先吗？如果能想到，他还会对一切坐以待毙吗？毕竟，到头来他自己的一生拼搏，未能让他得偿所愿。这种处境，相信是任何人都难以接受的。

归根到底，陈廷骅家族的悲剧，主要出在他生前没有将财产规划清楚，以及家庭成员沟通不畅、关系不和等原因上，这往往是富有家族争产案爆发的导火索。所以，作为创富者的第一代，必须对家族有清晰的规划，还要教育家族成员之间养成和谐的相处模式。否则，财富越多，可能后患越大。

3

财富工具
细细谈

新富的财富困扰

钱财是有翅膀的，有时你必须放它出去飞，好招引更多的钱财来。

——英国哲学家 弗朗西斯·培根（Francis Bacon）

改革开放 40 多年，中国内地还没有经历过大规模的经济危机。这当然是新富的幸运，但也带来隐忧。隐忧是什么？就好像一个人 40 多年没怎么生过病，这样的"健康"时间越久，越让人担心：会不会一生病就是场致命的大病？喜忧参半日久，新富的困扰也渐渐多起来。相比之下，中国香港在这方面的经验丰富得多，历史上发生过的股灾、楼灾、金融海啸不胜枚举。杀不死人的，都让人更强大。

内地新富的困扰，可能包括以下这些：

1. 遗产税到底会不会出台？ 如果上网搜索"中华人民共和国遗产税草案"字样，会找到一份很让人"惊悚"的文件，声称可能出台的遗产税税率，1000 万元人民币以上的遗产将征收 50%。虽然 2017 年财政部公开答复，指中国目前并未开征遗产税，也从未发布遗产税相关条例或条例草案。不过，在同年两会上，全国政协委员段祺华确实曾建议，遗产税起征点应在 1000 万至 2000 万元人民币之间。2021 年两会，全国人大代表汪康又建议，为缩小贫富差距，可考虑开征遗产税。可以说，遗产税是悬在新富头顶的达摩克利斯之剑（Sword of Damocles）。

2. 厂子房子多，资产太重。 中国的经济风口，第一轮是开厂，第二轮是炒房，抓住这些风口的新富，不少都囤积了大量厂子和房子，以至于资产非常重。重资产的特点是**资金投入较大，利润回报较少，变现较难**，在需要迅速调集资金的时候，难以应变。过去新富投资房子，主要是看中其升值空间，但时过境迁，如今"房子是用来住的，不是用来炒的"。2021 年，国家宣布增加住宅用地供应，此举将有助于更进一步控制房价。轻化资产，是新富接下来要做的事。

3. 家族关系复杂，有的不能公开。目前内地富豪的平均年龄在55 岁左右，正是要开始准备退休、安排接班人的年纪。在三四十年的创富生涯中，新富的家庭关系也变得复杂起来——配偶、父母、婚生子女、兄弟姐妹，乃至于二婚、非婚生子女等。创富者作为家庭的经济、权利、人际关系的核心，要处理好各方关系，做到家和万事兴，压力颇大。强调沟通之余，也要借助法律和金融工具。

本章接下来要介绍的，是众多适合新富财富传承的工具中的一部分，结合使用效果更佳。为了方便表述，本章将虚构一位新富，以他作为案例。

假设有位新富陈先生，现年 55 岁。20 世纪 80 年代开设制造业公司，赚了第一桶金 50 万元。扩大再生产后，现在公司每年仍能创造 500 万元利润。2000 年开始，陈先生在全国各地投资物业，身价增值到 1 亿元。2010 年后，他又转型为投资人，身价增值到5 亿元。事业成功外，陈先生的感情生活也很丰富。他与发妻陈太太十分恩爱，育有一子，毕业于美国名校，现在家族企业任副董。但陈先生不是"世上唯一同时爱上两个女人的男人"，他还有一位"红颜知己"李小姐。李小姐为陈先生生了一个千金，女儿有极高的钢琴天分，是艺术界的明日之星。陈先生对人生十分满足，但临近花甲之年，他难免有些隐忧——他总有一天要离开人世，不能不辞而别。20 年相安无事，他并不想在晚年和家族中任何人发生不愉快，同时，他也深爱着家中的每个人。在他的有生之年，该如何安排身后之事呢？

简单方案：遗嘱

当泪的潮涌渐渐退远，理想的岛屿就会浮现。

——中国诗人　顾城

遗嘱（will）是一种古老的财富传承工具。由于财富都符合"自私性原则"，故创富者很容易想到，要对财富进行一定程度的安排。所以，遗嘱必须基于创富者的自主意愿。《三国演义》里刘备白帝城托孤，实则是口述了一份"遗嘱"，不过那个时候，刘备想要令他的遗嘱有效执行，需要借助的是君权威慑和道德感化。而到了近代，遗嘱被赋予了法律性，令其执行力更强了。

世界各地对遗嘱的法律规定不同。例如，中国内地接受遗嘱的形式可以是纸质，也可以是录音、录影等；而香港地区比较传统，规定遗嘱必须是纸质的。又如，香港地区认为遗嘱可以完全遵从订立人意愿，遗产爱给谁给谁；而台湾地区则认为有些至亲是必须享受遗产的，所以规定有"应留份"。

遗嘱作为遗产继承方案有什么好处呢？**最大的好处是简便易行。**首先，订立遗嘱的方法相对比较容易操作。内地的遗嘱有 5 种形式，分别为公证遗嘱、自书遗嘱、代书遗嘱、录音遗嘱和口头遗嘱。不同形式的遗嘱，各有相关规定，在此不展开讨论。香港地区的遗嘱比较传统，且形式单一，必须为纸质，须由两面见证人见证。如果要减少争议（如订立遗嘱时当事人是否意识清醒等），还可以由律师和医生同时见证。不过,因为香港的遗嘱必须为纸质形式,所以存在保存风险,如有损坏或遗失,均有可能造成遗嘱失效。

其次,遗嘱可以根据现实情况进行替换,重新订立一份,即可替换上一份遗嘱,通常以最晚的一份遗嘱为执行标准。比如,订立上一份遗嘱的时候没结婚,后来结婚了,就可以重新订立一份;订立上一份遗嘱的时候只有一个孩子,后来生第二个孩子了,也可以重新订立一份;订立上一份遗嘱的时候父母健在,后来父母去世了,也可以重新订立一份等。这样就便于更改意愿。

但我们知道,**简单不等于好,最简单更不等于最好**,遗嘱同时亦存在明显劣势。第一,遗嘱是一次性遗产分配方案,没有持续性。订立人去世时,按照相关规定执行遗嘱。执行后,受益人分得遗产,这笔遗产就"失控"了,更加难以防范许多创富者担心的"败家子"的出现。实际上,"富不过三代"并非只有中国人担心,西方人亦然。德国谚语就说:"一代创造,二代继承,三代毁灭。"所以,西方发明出其他金融和法律工具来防止这一现象不断重演。持续性较好的遗产分配方案是信托(参考第三章"持续方案:信托")。

第二,遗嘱没有隐私性。遗嘱是一份法律文件,所有受益人都会看到这份文件。遗嘱一经公开,各受益人的受益明细、每人各获得多少遗产也就全部公开了,这样难免造成不公平感。更为重要的是,如果创富者有非亲属、非婚生子女之类不愿公开的受益人,此时就没办法保护这方面的隐私。隐私性较好的遗产分配方案是保险(参考第三章"安全方案:保险")。

那么,陈先生是否应该订立遗嘱呢?任何人都应该设立遗嘱。但具体到陈先生的实际情况,仅仅订立一份遗嘱是不够的。他起码需要配合信托、保险等金融工具。遗嘱的作用,是安排他关于这些金融工具的分配意愿。

持续方案：信托

信托的应用范围可以与人类的想象力相媲美。

——美国信托专家　斯科特（Scott）

信托（trust）诞生于英国，被认为是英国人对人类法律事业最重要的贡献之一。信托诞生于普通法（Common Law）系，其基础是财富的所有权和使用权可以拆分。信托委托人享有财富所有权，而将财富的使用权委托给信托受托人，并由委托人制定财富分配的相关规则，令信托受益人享受财富之余同时受到约束。

中国内地的第一部《信托法》诞生于 2001 年，距今才 20 年时间，起步较晚。中国信托最健全的地区在香港，信托早年随英国人来到香港，距今已经有近 180 年历史。

内地现在比较流行的是"家族信托"。在许多人的印象中，资产达到几十亿元才有必要去了解信托，然而在香港地区，信托已经相当普及。一般建议净资产在 500 万元以上的人士，就要配合使用信托作为传承工具。资料显示，在香港地区的 200 多家上市家族公司中，约有 1/3 的企业通过家族信托的方式控股。

内地信托和香港信托都叫"信托"，但是细看却有很多不同。第一，内地信托实行登记制，香港信托实行匿名制。所以，一般都说内地信托是理财工具，香港信托是传承工具。第二，内地信托有限期，香港信托无限期。所以，香港信托是绝佳的家族财富隐形传承工具。

简言之，香港信托相对于内地信托是"升维"版本。本节以下介绍的信托，专指香港信托。

信托本质上是一套法律文件，不是资产。成立一份信托的手续并不复杂，可以由律师、银行或信托公司完成。信托的专业体现在成立信托后的"资产注入"过程。到底创富者应该将什么资产，以什么方案、什么比例、什么时候注入信托，是考验创富者与专业人士沟通的关键。

信托可以分为两种：生前信托（living trust）和备用信托（standby trust）。区别在于，前者自信托成立后立即启动并开始收取管理费，后者则在约定设置的启动日期启动信托后才收取管理费。信托成立者可以根据实际需求来选择，究竟成立生前信托还是备用信托。如果有立即要达成的理财目的（如税务规划），可以选择生前信托；如果只是为了财富传承，则可以选择备用信托。

前文提及，信托是持续性较好的遗产分配方案。为什么这么说呢？因为信托可以根据订立者的意愿，做永久性的规则设置。举几个在香港历史上真实发生过的案例——

有信托成立者特别重视孝道，于是规定每年清明和重阳，信托受益人都必须扫墓，还要拿着当天的报纸在墓地拍照，才能继续享受信托权益。还有信托成立者特别重视学业，于是规定拿一个博士学位可以获得1000万港元信托奖金，鼓励子孙刻苦读书。也有信托成立者特别希望家族血脉开枝散叶，于是规定家族成员生女儿、生儿子分别可以拿多少信托奖金。这些看似很私人的意愿，都可以在信托规则中持续且私密地执行下去。只要信托管理得当，便可永续，创富者的家族会按照其意愿发扬光大。

类似陈先生这样的新富阶层，可以说是必须设立信托的，而且在目前中国内地信托法尚未健全的阶段，笔者强烈建议他在香港地区设立信托。

善良方案：基金会

慈悲不是出于勉强，它是像甘露一样从天上降下尘世。

——英国文豪 莎士比亚（William Shakespeare）

中国新富了解慈善基金会这回事，大概始于 2008 年。那年，当时的世界首富比尔·盖茨宣布退休，并且宣布将把自己的 580 亿美元资产全部捐给名下慈善基金会——比尔及梅琳达盖茨基金会（Bill & Melinda Gates Foundation），一分一毫也不会留给自己的子女。从此，一个新名词进入新富的世界——裸捐。很多人至今仍不明白，为什么自己辛苦半生积累的财富，要无偿捐献给社会。这难道不是违反"自私性原则"吗？本节主要介绍一下基金会传承财富的作用。

1. 合理规划税务。如前所言，虽然中国内地目前尚未正式推出遗产税，但在财富传承的过程中所衍生出来的各种费用，仍然是十分巨大的。基金会，尤其是慈善性质的基金会，可以享受税收优惠政策。至于盖茨这样的顶级富豪，如果他将财富直接交给子女，遗产税税率约为 45%（参考第六章"遗产税该不该征"），房产增值税约为 15%，股票增值利得税约为 15% ~ 35%。而且根据美国的法律规定，要先完税再继承。但是，符合美国《国内税收法典》第 501 条（C）款（3）的慈善基金会可以享受免缴所得税的优惠政策。同时，慈善基金会在盖茨去世后仍可以独立运作，其间并不产生遗产和继承问题，所以自然也就不存在遗产税了。

2. 虽不能富，必不至于穷。基金会是以公司的模式运作的。富豪的子孙后代，如果很有出息当然可以自寻出路，创造自己的事业。但是偶有庸人，品性又不坏，就可以来基金会任职。这样做，虽然不能让子孙大富大贵，但肯定不至于受穷。另外，基金会也可以成为家族成员的"修炼场"。例如亚洲前首富李嘉诚的两个儿子李泽钜和李泽楷，都曾在家族基金会任职，待习得一身本领后，再出去创业，自然事半功倍。时至如今，李泽钜和李泽楷仍是李嘉诚基金会理事会的成员。

3. 为家族树立形象。古谚云，积善之家，必有余庆（参考第八章"积善之家"）。中国人很信这句话，同时也很厌恶为富不仁。如果一个家族只知道赚钱，不知道回馈社会，是会遭到唾弃的。所以，近年很多内地的知名企业家也开始设置专门的公益事业部门来从事慈善事业，例如宝丰集团的燕宝慈善基金会累计发放数十亿元的"燕宝奖学金"、马云公益基金会发起的影响数万名教师的"乡村教育人才计划"、蒙牛集团老牛慈善基金会探索儿童早期教育新模式的"老牛儿童探索博物馆"等。

基金会性质是多样的，比如家族基金会、慈善基金会、信托基金会等。如果申请的是慈善基金会，因为有税收优惠，所以申请较为困难。同时，慈善基金会也有公开账目、接受社会监督等方面的义务。总的来说，基金会是可以让慈善事业与财富传承双赢的一种方案。当然，在此必须强调，慈善基金会绝对不是用来避税、逃税的工具。

如果陈先生对某类慈善事业特别有热情，是可以考虑将资产中的一部分划拨出来做基金会的。比如他认为女儿的艺术事业颇有价值，也可以成立专门帮助艺术事业发展的基金会。这样将来就算女儿的艺术道路不顺利，也可以有一份事业。即便不是慈善基金会，仅成立家族基金会或信托基金会，让家族永远不会陷于贫困，也是值得的。

风险方案：企业

> 我就是我最大的资本，我唯一的信念就是相信自己。
>
> ——美国实业家　洛克菲勒（John Rockefeller）

经历过创富的新富都知道，经营一家公司有多难，并且是高风险的。2016年《现代物流报》曾发表一篇名为《中国企业缘何命短？》的文章，其中提到，中国集团企业的平均寿命为七八年，小企业的平均寿命仅为2.9年。一代创富尚且如此，更何况二代继承。企业传承的风险，用一个案例就能说明白。

2003年，山西"第一民企"海鑫集团董事长李海仓在办公室被人开枪射杀，凶手亦饮弹自尽。当年，李海仓才48岁，他的长子李兆会22岁，在澳大利亚留学。李海仓万万没想到自己会惨遭不幸，所以没有留下遗嘱。根据中国《继承法》的规定，李海仓的遗产由第一顺位的5位合资格人士继承。为了让李兆会顺利掌握大权，李海仓的父母李元春夫妇力挺孙子，让他在企业中掌握了绝对话语权。于是，1981年出生，没有任何工作经验，连大学都尚未毕业的李兆会，成了海鑫集团接班人。

李兆会上任之初，海鑫集团是拥有近万员工、资产40亿元人民币的钢铁企业。在接下来的3年时间里，李兆会还算励精图治。虽然他一意孤行，赶走了包括他五叔在内的几位"老臣"，但企业绩效还算不错。2004年，海鑫集团的资产更是达到70多亿元，翻了近一倍。

但 2004 年的一次经历，改变了李兆会的认知。那年，他从炒股中赚了 26 亿元。这种赚快钱的诱惑，令李兆会萌生出干实业太辛苦的感觉。于是，他辞去总经理职务，只保留董事长之职，开始全身心投入炒股——这年他年仅 25 岁，能轻松调动数以亿计的现金——之后的故事可想而知，自然是亏得一塌糊涂。

不仅如此，海鑫集团的钢铁事业也盛极而衰。2008 年后，钢铁全行业亏损，缺乏经营的海鑫集团，自身现金流也出现了危机。企业无人可用，债主纷纷上门，墙倒众人推。李兆会从当年的雄心万丈，到后来只求不要沦为"败家子"。可是事与愿违，2014 年年底，海鑫集团被迫启动了破产程序。

美国文学家马克·吐温（Mark Twain）说："历史不会重演，但会押韵。"（History doesn't repeat itself, but it rhymes.）海鑫集团的故事绝不会绝迹，但希望未来越少越好。

作为一个拥有 14 亿人口的大国，而一代创富者又渐渐步入退休，财富传承将成为重要课题。据统计，**未来 30 年中国将有超过 78 万亿元人民币的财富要面对传承挑战**。目前，已经有一些企业开始交给下一代管理，暂时还没办法统计这样做的存活率，唯可参考西方经验。在西方，只有 30% 的公司能在第二代手上活下来，而只有 10% 的公司能在第三代手上活下来。由此可见，用企业作为传承工具，是风险极高的事。

陈先生有不止一家企业，其中一家还是重资产的制造业企业。幸运的是，陈先生的儿子目前已在企业任职，陈先生有时间观察和栽培儿子，看他是否适合继承企业。但为了防范风险，陈先生依然应该做好两手准备。如果儿子是这方面的人才，则可；但如果不是，陈先生也有两种选择——要么儿子将来只做董事长，陈先生为企业引入职业经理人，管理企业实务，并且将职业经理人制度化；要么变卖企业，将其资产轻化，让儿子去做他擅长的事。

沉重方案：物业

金钱不是真实的资产，我们唯一的，最重要的资产就是
我们的头脑。

——财商教育家　罗伯特·清崎（Robert Kiyosaki）

华人爱投资物业在全世界是出了名的，无论是住宅、公寓还是商铺，闻者皆激动。中国香港人自嘲地将这种行为称作"买砖头"。无奈"砖头"越来越贵，人们越来越难以承受。

不能否定投资物业的好处，也不能忽视过度投资物业的坏处，一切问题都是投资比例的问题，把握好度，所有投资都是"好"的。笼统来说，物业作为资产的大方向是保值和增值。随着社会总体财富增加，物业价值通常会随之增加。如果善于利用按揭，物业投资还是颇为有效的财务杠杆工具，若房价上涨，可以变相"以小博大"。即便未供完按揭的物业，急需用钱的时候也可以向银行抵押套现。同时，物业可以放租，赚取租金收入。人们很容易看到以上这些优点，热衷投资物业也就不奇怪了。

然而，投资物业也存在不少缺点。过度投资物业，会造成投资者现金流紧张，即便遇到其他好的投资机会，也没有余钱。而如果一旦房价下跌，物业还可能变成负资产。总体而言，**物业的变现能力较差**，着急用钱要卖房的话，更难讲价。即便抵押给银行，也可能需要支付高昂的利息。另外，出租物业也存在风险，租客是个不可控因素，

万一对物业造成破坏，投资者往往要自掏腰包进行修葺。物业投资最大的缺点，是物业没办法跟着投资者移动。如果要移民，或有新的人生计划，物业较难处理。上述这些都是物业之所谓"重"的地方。

值得留意的是，**中国内地的租金回报率相对较低**，许多城市不到1%。全球租金回报率最高的城市，不少在欧美，美国芝加哥甚至高达8.32%，而中国香港的租金回报率通常在2%以上。

此处插播几句，很多人都知道，物业没有进入共同申报准则（CRS）需要申报的资产范畴，于是有人天真地以为，投资物业具有"隐藏资产"的功能。实情大大不然。为什么物业不需要在CRS申报呢？那是因为：第一，无论国内外物业都需要实名登记；第二，物业按揭和银行挂钩，所以资料无所遁形。另外，关于物业的征税通常施行属地原则（参考第六章"国际税务原则"），物业所在地当局也不用担心物业会"走掉"。所以，投资物业并不代表可以逃避CRS。实际上，CRS推出以后，全球资产基本上已经没有隐藏的可能性（参考第六章"CRS下资产藏不住"）。

在内地，虽然暂时没有遗产税，但是以物业作为财富传承工具，继承人要支付相应的公证费、评估费、过户税费等，还有可能要缴纳一定程度的营业税、个税等，这些费用也是不小的。因此，物业即便作为财富传承工具，也显得非常沉重。

给陈先生的建议有三条：第一，其名下的物业不宜过多，在保证家族成员各人都有安身之处的基础上，只能适当投资物业，让资产轻一些，这样做也可以避免将来财富传承上的麻烦；第二，**就算喜欢投资物业，眼光也不要拘泥在中国内地，而应该在全球范围内，寻找租金回报率高和升值空间大的投资标的**；第三，如果陈先生设立了家族信托，那么他名下的物业可以找时机注入信托，这一操作是有技巧的，此处不展开，建议陈先生向专业人士咨询。

安全方案：保险

如果我办得到，我一定要把"保险"这个词写在家家户户的门上。

——英国前首相 丘吉尔（Winston Churchill）

保险是一门古老的工具，只要有风险，就会有"互保"，亘古皆然。而保险作为金融工具，则诞生于 1666 年英国伦敦的一场大火之后。那场大火，几乎烧掉半座城市。痛定思痛，遂有人提出每人出一点钱形成资金池，将来谁家着火了，可以用资金池里的钱去补偿，于是，就有了现代火险的雏形。

保险的学术定义，是**风险转嫁机制**。人人都会遭遇风险，无法避免，但可以把风险造成的损失，转嫁到保险公司身上。实际上，保险赔偿金并非保险公司的钱。保险公司只是代管保险金，保险金的主体是其他保险人的保费。作为现代人，必须有保险意识。此处所说的保险，专指商业保险。

在金融工具中，保险属于最保守的投资之一。保险的投资周期通常较长，保单一般都会持有 10 年以上。周期长，带来的好处是风险小。保险公司的投资策略，普遍比较保守。**一张持有超过 20 年的保单，几乎是可以不考虑经济周期的影响的，因为它可以跨过经济周期。**所以，保单是最好的保值工具之一。同时，它还不像物业那么重，属于轻资产的范畴。

保险有一个任何金融工具都不具备的优点，就是可以用受保人的生命作为杠杆。根据不同年龄，投保人寿保险的杠杆不同，但总是有杠杆的。这样一来，人的生命就成了具备金融价值的存在。保险行业流行一句话：没有人值得死，但有人死得值。"死得值"的，就是有大额人寿保险的人。有些高瞻远瞩的新富，甚至会规划用人寿保单，让家族成为亿万家族。

前文提及，保险是隐私性较好的金融工具，为什么这么说呢？因为保险还有一个特点，就是可以不受继承法的约束，完全根据保单持有人的意愿，将保险金交给指定的受益人。而且，受益人可以是自然人，也可以是机构（公司、基金会等）。如果有非婚生子女等不便公开的受益人，保险是私密性很好的财产分配工具。具体操作方法如下——

财富持有人可以在保险公司为自己投保多份人寿保单，受益人分别为妻子和非婚生子女等。然后，分别告诉相关人士自己买下的保单。财富持有人一旦不幸去世，妻子会拿着死亡证明到保险公司理赔。保险公司收到死亡证明，就会一并将财富持有人名下的所有保单都理赔出来，把保险金分别打给所有受益人。这样一来，妻子不会知道其他受益人的存在。因此，在财富传承领域，保险被称为财富分配的"自动挡"。

至于陈先生，该如何善用保险呢？首先，他55岁的年纪，如果身体健康，还有机会投保人寿保险，利用杠杆。其次，他可以运用保险的隐私性，为不便公开的受益人留下财富，而不至于引起家族纷争。再次，如果他设立了家族信托，可以在信托内规定，未来家族成员中的任何人想要继承财富，都要先为自己投保人寿保险，受益人是家族信托。如此一来，家族成员中所有人的生命，都会成为家族信托的杠杆。家族成员人数越多，家族信托资产就越庞大，实现永续富裕。

稳重方案：定投

> 风险可以通过多元化投资得到化解，这样，我们面临的就只有市
> 场本身的风险了。
>
> ——投资大师　彼得·林奇（Peter Lynch）

本章前面6节介绍的是6种金融工具，最后两节介绍的是投资方法。第一个，是定投。

定投指的是定期定额投资，在固定的时间（如每月 1 日）以固定的金额（如 10 万元）或固定份数（如 100 股）投资到指定的标的中。定投的理论基础是**平均成本法**（Dollar Cost Averaging），目的是规避因资产的波动性对投资人最终收益造成的负面影响。定投的标的，可以是股票、基金等金融产品。

举例来说，从 2009 年 8 月至 2015 年 5 月，中国内地 A 股市场从最初的 3478 点开始震荡下跌，最低时只有 1900 多点。如果在最高点一次性买入，最低点一次性卖出，会亏损44%。但坚持到2015 年 5 月，迎来大牛市，市场一度冲到 5000 点以上。如果在最高点一次性卖出，涨幅为 33%，而以每月定投的策略来投资，收益则可达 85%。

一个生动的比喻是这么说的："可以把定投比作拿糖换糖水。开始时市场在高位，糖水都是比较浓的，一勺糖只能调出 1 碗糖水；后来，市场变差，市场上的糖水变稀了，你再拿出 1 勺糖，就可以换来 3 碗糖水了，将两次换的糖水加在一起，第一碗浓糖水因为加了比自己淡

的糖水，整体变淡（成本被摊低了，你只用了两勺糖就换来了 4 碗糖水）。"

定投的好处主要有以下几点：

1. 分散风险。投资者很难总是找准正确的投资点，可能高买低卖。采用定投策略，不论市场如何波动，都按时投入，投资的成本比较平均。

2. 长期投资。对优质的投资标的来说，总体上是上升的趋势，但难免会呈现震荡上升的趋势。对新富来说，首要的理财目标是保值而非以小博大，所以定投比较适合。

3. 节省时间。新富的时间是宝贵的，定投只要选定稳健的投资标的，不用一直盯着大盘。

4. 复利效果。定投可以达到利滚利，长期累积的单位数，收益会相当可观。

实际上，用按揭投资物业的人，某种程度上就已经在定投了——无视房价短期内的升跌，每月都固定还款，伴随房价总体的上升趋势，实现财富增值。

不过如果是亲自操作定投，多少还是要花时间和精力的。定投某种程度上要对抗人性，因为在投资标的下跌乃至持续下跌的时候，还要定期投入。很多人扛不住心理压力，低位抛售，便会造成损失。另外，就是在投资标的上升的时候，找准"止盈点"，这也是考验能力的。有时候投资标的升值，抛早了也不行。

所以，近年开始流行一种刻意死板的定投方法，签一份 10 年或 20 年的定投协议，签了就要履约。这样一来，也就不用去理会何时抛售的问题了。当然，定投金额要量力而为。

当人只有 1 万元的时候，想的是如何追求 100 万元、1000 万元，失败了也不过损失 1 万元。但真的有 1000 万元以后，思维就要转换，要平均成本，求保值，因为一旦失败，损失的是原来的 1000 倍。

　　陈先生作为新富，一定要培养定投思维。他的财富已经积累到相当程度，不能再像以前那样，搏一本万利的机会。不过陈先生自己没有必要花时间去操作定投，他应该在家族信托中体现这个意愿。

轻松方案：套利

> 财富可以弥补许多不足之处。
>
> ——西班牙文学家　塞万提斯（Miguel Saavedra）

一个世纪前，人们说人生最难赚的是第一个100万元。如今，这个数字应该改成1000万元。有1000万元，1个亿的"小目标"便不难实现。但相应的，当新富的财富累积到1000万元后，赚钱的思路要升维。认知如果跟不上，凭运气赚来的钱会凭实力输掉。新富最应该做的事，是套利。

套利（arbitrage）的定义是，投资者或借贷者同时利用两地利息率的差价和货币汇率的差价，流动资本以赚取利润。通常指在某种实物资产或金融资产（在同一市场或不同市场）拥有两个价格的情况下，以较低的价格买进，较高的价格卖出，从而获取低风险的收益。

现实中的套利策略可以很复杂，较常见的有可转换套利（convertible arbitrage）、股息套利（dividend arbitrage）、并购套利（merger arbitrage）等。但同时，现实中的套利策略也可以很简单。**套利的精髓，是掌握充足的信息。利差，某种程度上即"信息差"。**

举例来说，中国香港是全球著名的低利息地区，这导致很多人觉得香港地区的投资价值不大。但是转换思维想想，香港地区或许是绝佳的财富保值地区。如果陈先生有1000万元可以投资的钱，他可以怎么做呢？

第一步，他可以拿 1000 万元全款去香港买一处 24 小时工厦（即内地俗称的"酒店式公寓"）。这类工厦一年的租金回报大约有 25 万港元。第二步，他可以用工厦向银行抵押，贷款出 500 万港元（240 期月供），年利息约 2.5%，利息加本金，每年需支付 25 万港元，租金正好可以用来归还这笔贷款。第三步，贷款出来的 500 万港元，可以趸缴买一份储蓄类保单。第四步，这份保单可以再向银行抵押出 350 万港元，年利息也是 2.5% 左右，每年支付利息约 9 万港元，无需还本金（直至保单剩余现金价值大于贷款金额）。第五步，把保单抵押出来的 350 万港元，通过一些股票、基金、私募等投资组合，争取年化 15% ~ 20% 的收益。

以上操作，只要从保单抵押出来的 350 万有 3% 左右的收益，就足以偿还利息，多出来的收益都是赚的。通过如上操作，经过计算，扣除所有还款后，陈先生的 1000 万元每年约可有 3% ~ 5% 的收益——如果是港元或美元资产，已足够追赶通胀——而工厦和保单，就成为家族保值的工具，可谓无风险套利。

当今世界，各个国家经济发展不平衡。一些发达国家经济滞胀，为刺激经济活力，利率几乎为零乃至负利率。新富应该善于运用这些政策，在全世界调动、分配财富，合理投资。

其实，无风险套利的方法还有很多，最近比较热门的是打新股。炒股的风险很大，但打新股基本上无风险。通常好企业的股票新上市时都会上涨，2021 年有很多中概股在香港地区上市，几乎是"打到即赚到"，一些股票甚至上市当天就涨超过一倍。所以，"香港打新"很自然成为 2021 年的开年热词。

给陈先生的建议是，他作为新富，已经站在另一个高度，可以做到无风险套利。他应该有一个智囊团，定期讨论投资信息，调整投资策略。**财富无小事。**虽然人们常说有钱了终于可以"上岸"，但新富切不可有"上岸"的心态。或者说，"上岸"之后还有很长的路要走，千万不可掉以轻心。

案例三

带着家族使命来到世上的人运气不会太差
——何鸿燊家族

华人世界应该没有人不知道"赌王"何鸿燊（1921～2020）的大名。其实早在他生前，关于其遗产的各种争夺风波就屡见不鲜。而随着何鸿燊离世，各房子孙围绕遗产的争斗反而好像没那么热闹了。其间发生了什么？我们围观之余，是否也可借鉴，看看自己在资产传承方面有没有做好充分安排呢？虽然我们一般人的家庭关系不如他的家族那般复杂，个人资产也不如他的资产那般庞大，但现在城市里资产雄厚的民众比比皆是，资产万一处理不好，搞得鸡飞狗跳甚或兄弟阋墙，也是得不偿失。

传奇经历，绝世赌王

何鸿燊是不可复制的传奇人物。他是本书"'手滑鼻祖'的忠告"中提过的"手滑鼻祖"何东家族的人，爷爷是何东的弟弟何启福。

何鸿燊的曾祖父何仕文（Charles Bosman）是犹太裔荷兰商人，1859 年到香港来找机会，因为香港生意难做，1873 年离开香港去了英国。在香港期间，他和广东宝安人施娣生了何启东（即何东）、何启福等兄弟。何鸿燊的父亲何世光是何启福之子，母亲冼庆云也来自豪门。

何鸿燊拥有中国、犹太、英国的血统，家世显赫，从小就读名校，家族财富殷实。可惜 1934 年何鸿燊 10 岁的时候，父亲何世光因炒股失利，一夜之间倾家荡产，为了躲债逃去越南。从家境富裕到身无分文，原来的阔少爷，转眼变成人见人厌的"咸水草"，这让何鸿燊十几岁便看透世态炎凉。有次他去父亲一位世交的诊所补牙，对方却直接把他的牙齿拔了，还说："没钱，补什么牙？补了这颗牙，明天又替你补另一颗啊？拔掉算了。"自此，何鸿燊咬紧牙关拼命读书。

何鸿燊十分争气，考获奖学金入读香港大学。但很快，日军就入侵香港，香港沦陷。何鸿燊在战乱中落难澳门，当时身上只有 10 元。但是，他在日葡澳各方之间周旋，用命拼机会，冒死赚得第一个 100 万，从此开启了他的生意。本来他在澳门的生意发展得不错，却招来黑社会妒忌，公司遭人扔手榴弹。何鸿燊只好于 1953 年返回香港，但留下一句话："我一定回来。"

1961 年，葡萄牙政府确定澳门为旅游区，特准博彩合法化。何鸿燊认为，他等了 12 年，终于等到了杀回澳门的机会。正好，这时"澳门赌圣"叶汉又从中撮合。何鸿燊于是联合霍英东、叶德利组成新集团，竞争澳门博彩专利权。没想到，何鸿燊一举成功，这也改变了澳门博彩历史。

何鸿燊此举触怒了澳门地头蛇，他们放出风声，宣称要"取何鸿燊性命"。何鸿燊不是猛龙不过江，既然敢来，就没在怕。他转而公开提供 100 万奖金，表示："如果我被打死，48 小时内，谁能把凶手杀死，这 100 万就归他所有，到我的律师那里领钱。"见何鸿燊如此坚决，自然也就没人敢动他了。

何鸿燊的生意，除了博彩公司、澳门旅游娱乐公司，还包括一些周边产业，例如葡京大酒店。他还在香港地区成立信德集团，主营船务、房地产、酒店、旅游等业务。除了中国澳门和中国香港，他在葡萄牙、菲律宾、越南乃至朝鲜都有生意。根据公开报道，何鸿燊生前是澳门首富，于香港则排名第 13 位（2011 年福布斯香港富豪榜）。

同时，何鸿燊还是爱国商人。1982年邓小平宣布要收回港澳，港澳地区民心浮动，有大商家甚至计划撤走投资。何鸿燊则公开发表言论支持港澳回归："我是香港出生、澳门创业，我能理解邓小平先生的伟大决策。香港与澳门只要资本主义制度不变，人心就安定，局势就会稳定。"获得中央信任的他，先后参与过中英谈判、中葡谈判，担任过全国政协常委。何鸿燊与霍英东、曾宪梓、胡应湘、邵逸夫、包玉刚等，并称为"红色资本家"。

对自己家人也不客气

何鸿燊在香港废除纳妾制度之前，共有一妻（黎婉华）一妾（蓝琼缨），另外还有两名公开承认的伴侣（陈婉珍和梁安琪，俗称姨太太）。4人共为何鸿燊生育了17名子女，其中6男11女。

何鸿燊三妻四妾，子女众多，加上资产又雄厚，难免起纷争。2011年，时年90岁的何鸿燊通过律师表示，在不知情的情况下，他的商业帝国被家人瓜分。其名下31.655%的公司股份，被转移给家庭成员控股的公司。其中，二房和三太持有总市值755亿元的澳门博彩。得知此事的何鸿燊震怒，斥责"这是抢劫"。他向家人发出最后通牒，如果48小时内不解决，将会对家人采取法律行动。

结果第3天，何鸿燊果然通过律师，控告子女、亲属及相关公司，要求追回公司股权。被何鸿燊控告的共有11人，包括蓝琼缨、陈婉珍、二房5名子女及涉及的公司。最终，何鸿燊如愿以偿。但他还向法院申请了禁制令，阻止其家人再对股权进行再分派。

在家族中，何鸿燊是绝对权威。但这种权威，随着他年华老去，逐渐衰减。一方面，他指定并培养接班人；另一方面，他开始用信托作为财富传承工具，杜绝家族纷争。

根据各种公开媒体报道，有的说何鸿燊遗产有 5000 亿港元，有的说过万亿等。看多了，不由得产生疑问：为什么大众获知的何鸿燊遗产总额众说纷纭，相去甚远？何鸿燊究竟有多少遗产？

何鸿燊的遗产总额，或将永远是谜。为什么？正因为他于生前在中国香港设立了家族信托。

香港地区的信托在安全性上有两个特点：第一，不实行登记制，所以资产一经注入信托，便完美隔离；第二，香港地区立法会于 2013 年 7 月 17 日通过《信托法律（修订）条例草案》，此后设立的信托，可成为永续并无固定终止日期之信托。换句话说，何鸿燊的遗产大部分将永久在信托内安全运作，不用曝光，荫泽子孙。在此前提下，任何人士对其遗产总额的所谓"爆料"，都只能是猜测。

还有一个问题，就是何鸿燊同时拥有中国香港、中国澳门和葡萄牙身份，这三个地方恰巧都没有遗产税。但是，如果是有遗产税地区的人士，信托能不能帮他规避遗产税呢？答案是也有可能的。因为信托下的实体如果是一家公司，富豪注入信托的资产相当于是公司运作的资产，那么富豪去世的时候，提早注入信托的资产并不发生继承，自然也就不会产生遗产税了。

家族信托设立有技巧

但是何鸿燊订立了信托，其家族成员是否就不会争产了？不一定。香港地区的信托是一系列的法律文件，订立信托仅仅是第一步，第二步是把资产注入信托。于是，将哪些资产、多少资产、以何种方式注入信托，都是值得精心设计的。理论上，香港地区的信托可以容纳任何形式的资产，包括现金、股票、基金、房产、保单、期权，甚或汽车、珠宝、古董，乃至虚拟货币等。像何鸿燊这样级别的富豪，日常居住的住所、使用的器具、乘坐的汽车、收藏的文玩等，都价值不菲。这些假如没有注入信托，便会成为遗产争夺的对象。

根据公开媒体报道，我们可以知道，何鸿燊家族已经开始对其遗产展开争夺。仅仅在何鸿燊去世的第 10 天——2020 年 6 月 5 日，他的长房幺女何超雄即通过律师向香港高等法院遗产承办处，登记知会备忘，要求法庭勿在未有知会她的情况下，将何鸿燊的遗产授予书盖章。

什么是登记知会备忘？原来，无论何鸿燊生前是否订立遗嘱，其遗产承办人都要前往位于香港金钟高等法院底座的遗产承办处，获得一个确认盖章，然后才可以承办何鸿燊的遗产。不过，与遗产相关的人士，可向遗产承办处递交登记知会备忘。如此一来，遗产承办人到遗嘱承办处想要盖章时，遗嘱承办处就必须先知会登记知会备忘递交人，得到递交人确认后，方可盖章。而递交人一日不确认收到知会，遗嘱就一日不得生效。所以，何超雄的举动标志着争产案正式开始。

综合《经济日报》《星岛日报》《大公报》《明报》等媒体的报道，由于何超雄递交了登记知会备忘，何鸿燊信托外遗产目前仍不得进一步操作，无奈之下，只能委托给第三方暂时代为管理。何鸿燊的长房次女何超贤（同时也是家族信托受托人）根据香港《遗嘱认证及遗产管理条例》第 36 条，向法庭提出申请，由一家公司作为何鸿燊的遗产管理人，有关管理费用按该公司计算，为每小时 2535 ~ 6630 港元，费用由遗产内支付。换句话说，到达成和解为止，何鸿燊的遗产就这样被当作"冤枉钱"，以每天 60840 ~ 159120 港元的价码"烧"着。

但无论如何，何鸿燊的信托内资产，在他身后仍然按照其生前遗愿运作着，没有外人知道具体内容如何。我们能知道的，只是该家族信托的受托人是何超贤，而这个信息，也是由于何超雄状告何超贤而公之于众的。何超雄曾向法院起诉，要求何超贤交出信托相关文件。虽然何超雄是信托的受益人之一，但由于信托受到绝对的法律保护，何超雄只能在有限范围内阅读信托文件。另据搜狐网转引港媒报道指出，何超雄的举动反而遭到律师指摘，称何超雄是信托受益人中唯一不满足的成员，并引述何超贤对何超雄的起诉，认为是"不必要及烦扰的举动"，使所有家庭成员陷入此事宜，感到非常难过和沮丧。

其实，何鸿燊在设立家族信托的过程中，还是不够相信法律，不够铁面无私，比较相信个人的因素，这样让何超贤多承受了多少本不必要的压力。假如何鸿燊所设立的信托不是以何超贤作为受托人，而是以专业机构（如律师事务所、银行或信托公司）为受托人，那么家族成员之间的关系将得到更大程度的保护。现在，相当于是何超贤一人在承受整个家族信托运作的压力。这大概是因为在华人的世界里，毕竟还是更加信任血缘关系。

4

财富和自由
总有距离

自由不是免费的

> 自由固不是钱所能买到的，但能够为钱而卖掉。
>
> ——中国文学家　鲁迅

爱自由是人的天性。在一个自由不易得的世界，财务自由成为更多人追求的目标。人们总是觉得，有了无限的财富，就能获得无限的自由。然而，世上的事又岂是如此简单？

公元前5世纪，古希腊哲学家芝诺（Zeno of Elea）发表了著名的"阿基里斯悖论"。他提出，让乌龟在阿基里斯前面1000米处和阿基里斯赛跑，并假定阿基里斯的速度是乌龟的10倍。那么，当比赛开始后，如果阿基里斯跑了1000米，所用的时间为t，此时乌龟便领先他100米；当阿基里斯跑完下一个100米时，他所用的时间为t/10，乌龟仍然领先他10米；当阿基里斯跑完下一个10米时，他所用的时间为t/100，乌龟仍然领先他1米……以此类推，芝诺认为，阿基里斯能无限逼近乌龟，但绝不可能追上它。这个隐喻，也同样深刻描述了财富与自由之间的关系：**人们可以通过财富积累，无限接近自由，然而无论财富累积到多少，好像距离自由总还有一点距离。**

被称作全球240位"最具影响力和启发性的成功女性"之一的英国作家奥南朵（Anando），在对财富和自由经过深入思考后，提出过六大"无意识信念"，这或许可以帮助我们审视这个话题。

无意识信念一：我们没有足够的钱，钱越多越好。自己虽然有

1000 万资产，但是看到别人有上亿资产，仍觉得自己落后。于是，人们不断追逐财富，没时间享受生命，这是非常常见的心态。

无意识信念二：赚钱是很难的，我必须努力工作。当赚不到足够的钱时，人们本能地"压榨"自己，并美其名曰"敬业"。不少都市人，包括富商巨贾，最后甚至因此把自己累死。

无意识信念三：钱是不好的，"男人有钱就变坏，女人变坏就有钱"。再次重申，钱并没有善恶之分，但人性又经不起考验。所以，善用金融工具，把钱关在笼子里，才是明智的决定。

无意识信念四：花钱很随意，不经思考。传统社会通过血缘、地缘、功名等来划分阶层，而在消费主义泛滥的现代社会，人的身份地位则是通过消费来确定的（参考第八章"摆脱消费主义"），目前似乎还没有更好的办法扭转这一无意识信念。

无意识信念五：不愿向别人要钱。有些人怀揣自卑感与罪恶感，虽然知道成事需要资源，但不敢开口向人索要。也有的人借给别人钱后，不敢追债。这样做仍然是赋予金钱感情色彩。

无意识信念六：把钱看得高于一切。钱是人发明出来的工具，本应服务于人，但是久而久之，很多人反而成为钱的仆人。有些人为了钱牺牲爱好，乃至牺牲亲人，这都是本末倒置的。

奥南朵的六大"无意识信念"，在当今社会是非常普遍的。总而言之，可以归纳为"异化"二字。最吊诡之处在于，没钱的时候为钱拼搏是可以理解的，但已经很有钱了，有些人仍无限追求金钱。这一现象背后是否反映了一种深深的觉得自己"不配"的感觉？越是不配，表现出来的就越是贪婪。

自由不是免费的（freedom is not free），在未来社会，自由需要更多财富才能实现。但自由不能通过钱的第一维、第二维和第三维获得，只有跃迁到钱的第四维，才能达至真正的自由。

幸福转折点

幸福的生活存在于心绪的宁静之中。

——古罗马思想家 西塞罗（Marcus Cicero）

世上没有绝对的幸福，只有幸福感。有的人在旁人眼中非常幸福，自身却缺乏幸福感。有的人在旁人眼中生活得很不堪，自身却充满幸福感。所以，孔子赞扬他最喜欢的学生颜回时才说："贤哉，回也。一箪食，一瓢饮，在陋巷，人不堪其忧，回也不改其乐。"可以想象，颜回心中是充满幸福感的。

不过颜回是生活在前现代社会的人，他可以过无视财富的生活，现代社会的人却不行。在市场经济的当今社会，任何人的幸福感都不可能和财富摆脱关系。而且，幸福感和财富之间的关系似乎越来越紧密，在发达国家尤其。2017 年，瑞士银行（UBS）对美国投资者进行的一项调查发现，年薪超过 6 位数美元，拥有 100 万美元可投资资产的新富阶层，已经没办法感受到幸福了。只有可投资资产超过 500 万美元的人，才会对未来怀有充分的安全感。其他人仍然担心一次挫折会毁掉生活。

追逐财富是没错的，只是在追逐财富的同时，我们必须进一步思考：财富与幸福的临界点在哪里？

早在 2004 年 4 月，《瞭望东方周刊》便与芝加哥大学教授奚恺元（Christopher K. Hsee）合作，对中国 6 座城市进行了"幸福指数"

的测试。结果发现，6 座城市的幸福指数排名从高到低依次是：杭州、成都、北京、西安、上海、武汉。而当时，上海的月人均收入是最高的，成都则是月人均收入最低的。与此同时，一份较早的研究发现，当人均国民年收入超过 8000 美元时，国家财富与国民幸福感的关联性就会消失。新富阶层只有通过其他方式，才能增加幸福感。

澳大利亚昆士兰大学社会心理学教授乔兰达·杰登（Jolanda Jetten）提出一个名为"财富悖论"（the wealth paradox）的概念。她认为，有很多高收入人群无法停下脚步，即便当他们意识到自己的幸福和生活品质已经进入平台期之后，同样如此。

为什么会这样？其实用钱的维度来看，便很好解释。高收入人士如果满足于停留在钱的第一或第二维，想要增加收入便会越来越累。即便来到钱的第三维，依旧很费心力。另外，高收入人士往往还容易陷入攀比的困境。如果没有穿透时间的理念，仅仅为自己创造财富，就很难摆脱攀比。

有趣的是，在跨越财富与幸福的临界点后，虽然收入不再能给都市人带来幸福感，但投资却可以。美国投资管理公司贝莱德（BlackRock Inc.）于 2020 年发表的一份调查显示，"投资有利于改善情绪，可提升各方面的幸福感"。这份调查涵盖了全球 13 个地区的高收入人群，结果发现：已开始投资的受访者的生活幸福度，比未开始投资的受访者高出 22%；而已开始为退休储蓄的受访者的生活幸福度，比未开始退休储蓄的受访者高出 29%。由此可见，看得越远，幸福感越高。

西方有句谚语说得好："如果金钱没能给你带来幸福，很可能你使用它的方法不对。"（If money doesn't make you happy, then you probably aren't spending it right.）所以，想要真正让财富成为个人幸福的后盾，非跃升到钱的第四维不可。

"单一"风险

即使真相并不令人愉快，也一定要做到诚实，因为掩盖真相往往
要费更大力气。

——英国哲学家　罗素（Bertrand Russell）

生态系统（ecosystem）是个非常重要的观念。在大自然中，各种动物、植物之间保持着一种微妙的平衡，一旦失衡，后果不堪设想。典型的例子是澳大利亚。1859 年，英国人带了 24 只野兔到澳大利亚。结果，它们快速繁殖到 2 亿～3 亿只。它们可以轻而易举地把牧草一扫而光，造成生态危机。20 世纪 50 年代，黏液瘤病毒被引进澳大利亚，杀死了澳大利亚 99% 的野兔。但是，在野兔暂时从生态系统中被移除后，老鹰、狐狸等捕食者继而失去食物，几乎造成兔耳袋狸和猪脚袋狸的灭绝。

生态系统之所以会失衡，主要原因是"单一"，任何单一物种过剩，就会造成失衡。而在理财中，"单一"同样是会造成财富风险的。财富的"单一"风险可以分为以下 4 种：

1. 单一产品风险。也就是说，将过多的财富集中投资于某种特定产品，比如过度投资物业，过度投资股票，过度投资保险等。任何食物再有营养，光吃一样都是不够的，投资的道理相同。但人对投资是有心理依赖的，往往在某种产品上赚过大钱，就会迷信某种产品，这一点需要注意。

2. 单一周期风险。即便有了不同产品的配置，但是将所有配置都放在同一周期类型的产品中，仍旧是有风险的。在投资上，一定要讲求长、中、短线产品比例。股票等属于短线产品，基金等属于中线产品，保险等属于长线产品。理论上，越富有的人，长线投资比例应该越高。

3. 单一货币风险。即便有了合理的产品比例，但是都是同一种货币，仍旧是有风险的。一般中国内地新富配置的资产，无论是房产、股票、基金、保险，都是以人民币为计价单位的，人民币汇率、通胀、消费者物价指数（CPI）等，都会影响财富的增值或缩水。

4. 单一地区风险。即便有了不同产品配置，也善用外汇额度配置了其他货币资产，但如果所有的资产配置都集中在同一地区，仍旧有风险。这一点也不难理解，例如集中投资某地房产，该地房产价格下降，就会造成损失，更不要说单一地区还存在政治风险等。

投资时，几乎人人都知道要避免把鸡蛋放在同一个篮子里，这被称为分散投资（diversification）。但是，把钱分别存在几家不同的国内银行，并不算是真正的分散投资。这样做，只不过是把几个小篮子，放在一个大篮子里。真正的分散投资，务必做到产品分散、周期分散、货币分散和地区分散。本书第三章介绍了不同种类的财富管理工具，但在具体运用这些工具的过程中，一定要考虑到避免"单一"风险。近年，不少新富阶层开始投资全球保险、全球物业、全球股票等，就是非常好的尝试。

特别值得提及的是，经过大量的数据测算，分散投资的收益率并不见得比不分散投资更高。分散投资追求的主要不是投资回报，而是财富安全。所以，**分散投资未必适合想要赚取第一桶金的人群，而比较适合新富阶层以上，以财富保值为目标的人群**。需要留意的是，新富之所以"新"，就是因为多少还未摆脱"未富"时留存下来的一些认知。这些认知，或许会成为新富财富规划中的绊脚石。

政治风险

> 世界上有两种斗争的方法：一种是通过法律，而另外一种是通过武力。
>
> ——意大利历史学者　马基雅维利（Niccolò Machiavelli）

政治可以带来财富，也可以毁灭财富。任何人的财富，在政治面前都不堪一击。 清末"红顶商人"胡雪岩，和政治走得那么近，曾经是富可敌国的巨贾，而且民间形象又好，被称作"胡大善人"。但是当他的靠山左宗棠一倒，他立刻遭到清算，最终破产，抑郁而终。

不说那么远的，且看过去 30 年的俄罗斯。

苏联解体之初，时任俄罗斯总统叶利钦（Boris Yeltsin）在经济上采用了"休克疗法"。休克疗法的核心有三：1. 国企私有化；2. 放开物价管制；3. 紧缩货币开源节流。这一做法，导致俄罗斯国民经济严重倒退。为了争取政治资本，叶利钦选择依赖国内财阀，进行了政治交易。短短几年，俄罗斯就出现了七大财阀，几乎控制了银行、军火、石油、矿产、传媒、轻工业等关乎俄罗斯命脉的行业。七大财阀的财富总和，已经占据了俄罗斯 GDP 的 50% 以上。

可谓乐极生悲，2000 年起，铁腕人物普京开始执掌俄罗斯大权，旋即对国内财阀发起清算运动。普京毫不客气地向财阀宣告："要么死，要么滚。"其后，各大财阀皆无好下场。

长期霸占俄罗斯首富位置的霍多尔科夫斯基（Mikhail Khodorkovsky）

尝试反抗，结果被控窃取国家财产、欺诈、恶意违背法院裁决及偷逃税款4项罪名，获刑8年，获释之后，远走德国。传媒大亨古辛斯基（Vladimir Gusinsky）被控侵吞国有资源，其后流亡海外。金融寡头别列佐夫斯基（Boris Berezovsky）被控涉嫌资助车臣分裂势力，为了躲避牢狱之灾，他逃亡英国，之后离奇死亡。看到此情此景，其他财阀都不约而同抛弃资产，逃离俄罗斯。从此，他们的"好日子"到头了。

以上所说的，是所在国的政治风险。古今中外，无数财阀都有过类似的遭遇，殷鉴不远。然而，并非只有财阀要面对政治风险，新富亦然。同时，也不只有所在国有政治风险，他国亦然（即地缘政治）。在全球化的今天，地缘政治通过影响贸易、汇率等因素，极大地影响经济。比如美国前总统特朗普（Donald Trump）上台后，针对中国展开贸易战，就影响了中国的出口贸易等领域。

除此之外，广义的政治还应当包括政策。政策是政府为应变时局而制定的，具有极高的不确定性。比如2016年时，加拿大不列颠哥伦比亚省政府宣布，从当年8月2日起，外国买家在该省（主要是温哥华地区）买的房产，将被额外征收15%的物业转让税。由于温哥华是华人热衷投资房产的城市，此举被解读为割华人"韭菜"。那年，许多华人投资者忙着脱手温哥华物业。

随着全球经济进入存量时代，地区间的资源争夺日趋白热化，政治风险有增无减（参考第六章"天下大势，征税竞争"）。近年来，不少看起来风平浪静的地区会突然爆发冲突，而且冲突的性质也正变得越来越不可预测。

如何应对政治风险？中国新富在全球财富配置的时候，一定要有足够的政治敏感度，尽量保持资产够轻。而在遇到政治风险时，也要听取专业人士意见，及时做出调整。

慈善还是伪善

好人只需要做一点坏事,就被骂;坏人只需要做一点好事,就被捧。

——中国台湾作家　李敖

2018年年底,一位名叫查理·皮勒(Charlie Piller)的记者在美国《科学》杂志发表了一篇调查报道,引起轩然大波。在这篇报道中,皮勒揭露了各大慈善基金会利用离岸基金账户进行投资,一边避免高税收,一边也通过投资与其基金会宗旨相背离的公司来获得高回报的事实。看过报道的读者不禁会问:所谓慈善基金会,到底是慈善,还是伪善?皮勒所举的主要例子,是惠康基金会(Wellcome Trust)——从它的名字便可知道,这是一家信托基金会。

惠康基金会是全球最大的慈善基金会之一,管理的资产规模超过300亿美元。其官方宣称,基金会的宗旨是资助更多的生物医学研究以改善人类和动物的健康状况。惠康基金会所资助的研究机构曾发表论文,表明遭受化石燃料污染的空气更容易导致人类死于癌症。但同时,皮勒的调查发现,惠康基金会的离岸账户投资多家化石能源公司,其产品正导致了空气污染。

在此要说明一下,**离岸(offshore)和在岸(onshore)是一组相对概念**。例如,中国内地居民在香港地区开设的账户,即为离岸账户。香港地区居民在内地开设的账户,也同为离岸账户。不是所有离岸账户都具有避税功能。全球只有为数不多的"避税天堂",如开曼群岛、百慕大群岛、马耳他等，而中国香港也是其中之一。公开数据显示，全球大约有 10% 的金融资产存放在这些"避税天堂"里。

有人可能会问：既然是慈善基金会，为什么要投资呢？那是因为即便以慈善为目的，如果不做投资或经营不善，也终有枯竭的一天。只有让原始基金不断盈利，才能保障慈善事业永续。其中最有说服力的例子，就是诺贝尔基金（The Nobel Foundation）。

根据诺贝尔先生的意愿，诺贝尔奖的理想奖金应该能够保证一位教授 20 年的薪水。所以，1901 年首次颁奖时，奖金额约为 15 万瑞典克朗。但是，由于刚开始基金没有投资，其后奖金只能一路下调，眼看就要山穷水尽。1953 年，诺贝尔基金会做出重大突破，将基金管理章程改为以投资股票、房地产为主，终于扭转了局面。到 1993 年，基金会的总资产已经滚存至 2 亿多美元。目前，诺贝尔基金会的投资策略是 50% 左右的股票、20% 左右的固定预期收益资产和 30% 左右的其他资产（如对冲基金）。

至于成立慈善基金会到底是慈善还是伪善，其实，**慈善基金会作为一种工具，它的"善恶"只取决于使用它的人的存心**。存心善，即为善；存心恶，即为伪善。由于慈善基金会对社会有贡献，所以世界各地的政府对慈善基金会通常都有税收减免。也正因此，政府对慈善基金会的审查也极为严格，尤其是中国内地，成立甚难。而在香港地区，成立慈善基金则相对容易。

新富可以善用慈善基金会这种工具，但存心要正，慈善基金会能成为一项基业长青的家族事业。如前文所说，它不能让子孙后代大富大贵，但子孙后代在里面任职，起码可以保障他们不受穷，同时，为家族积累良好的口碑（参考第三章"善良方案：基金会"）。

显得不那么有钱

> 不存在完美的解决方案，只有利弊取舍。
>
> ——美国经济学家　托马斯·索维尔（Thomas Sowell）

过去 10 多年，中国内地经常爆出"炫富"事件。**炫富的本质，是因为炫富的人有钱的时间还不够久。**有钱对新富阶层来说，还是件新鲜的事，所以难免要体验一把。但炫富终究不是好事，老祖宗劝我们"财不外露"，低调做人，等冷静下来后，生活还是要归于平淡。有钱的最高境界，是不让别人知道有钱。

2020 年新冠肺炎疫情后，全球财富差距被进一步拉大。疫情对低收入群体造成更大冲击，而对富裕家庭影响较小。加上疫情后各国普遍采取宽松货币政策，推升金融资产价格，实际上更加拉高了高收入群体的财富水平。财富的分化，导致社会迈向 K 型社会 [1]。有鉴于此，新富更要保持低调。

德国著名记者瓦尔特·伍伦韦伯（Walter Wüllenweber）写过一本著名的书，名叫《反社会的人》。通过这本书，我们可以了解贵族是如何生活的。他们极为低调，外国人本来不爱吃，所以在吃上也不

---

[1]　K 型社会是在 2020 年新冠肺炎疫情后提出的概念，用来描述不同地区、不同行业、不同部门以及不同人群在后疫情时代复苏的不平衡性。当经济出现衰退后（类似于 K 的一竖），经济的不同部分以不同的速度、时间或程度复苏（类似于 K 的两臂），这种类型的复苏被称为 K 型复苏。

花什么钱；他们平时深居简出，出行的高档轿车都要刻意抠掉品牌标志，或者去知名汽车厂家定制看不出价格的车；至于穿着，则更是一绝，已经不能用朴实无华来形容，有时甚至"衣衫褴褛"。最经典的一个故事，是有次一个顶级富豪在路上走，竟然被当作流浪汉，别人还施舍给他零钱。

这本书把这些德国有钱人说得好像很惨，那他们究竟拥有多少财富呢？根据伍伦韦伯于 2012 年的统计：90% 的普通德国人只拥有 33.4% 的财富，占 10% 的富人拥有 66.6% 的财富，而其中最富有的那 1% 拥有 35.8% 的财富，至于最最富有的那 0.1% 则拥有 22.5% 的财富。换句话说，整个德国社会中有将近 1/4 的财富，是由 0.1% 的人群掌握的。这些人，无疑是"贵族"中的"贵族"。

这些人是什么样的人呢？很遗憾，由于他们过于低调，伍伦韦伯也没有办法采访到他们，只能通过为这些人提供服务之人的转述，管窥他们的生活。什么人是为他们提供服务的人呢？比如各种跨国公司的行政总裁。在常人看来，行政总裁已经是可望而不可即的社会上流，但在"贵族"眼里，他们不过是"打工仔"。地位再高，至多是"打工皇帝"，"贵族"才是真正的皇帝。

对于"贵族"来说，因为已经富过太多代，他们的家族早就已经借助各种工具，做好家族财富的传承，并且可以毫无风险地获利，也早已用家族信托等方案杜绝"败家子"的挥霍。所以，贵族可以"放肆"花钱。但是，他们到底在哪里花钱呢？**他们的钱，主要花在"玩"上。**

玩，不是一般意义上的旅游、吃喝、购物。对贵族来说，做什么事都可以是玩，就算投资办企业，也是玩。吃有限，穿有限，但玩的成本可以是无限的。有人喜欢电影，就开电影公司；有人喜欢飞机，就开航空公司；有人喜欢天文学，甚至投资发展民用太空项目。一个人真正玩起来，花出去的钱虽然如金山银海，但是普通人却不易察觉。

中国人说："**一代会住，二代会穿，三代会吃。**"值得补充一句："四代会玩。"其实，这就是条越来越低调、从新富迈向"贵族"的道路。慢慢来，不着急，最关键的是一步一个脚印，稳稳地走。

移民的风险

> 哪里有自由，哪里就是我的祖国。
>
> ——美国政治家　本杰明·富兰克林（Benjamin Franklin）

现在是迁徙自由的时代，出于各自不同的理由，移民是许多人的选择。有人喜欢别国的历史文化，有人喜欢别国的自然环境，有人喜欢别国的风土人情……这些都无可厚非。但是在此不得不提醒新富阶层，从财富的角度来看，移民是存在风险的，千万不要未做好充分准备就急着移民。

中国人有跟风的习惯。例如，前些年吹起一股去美国生孩子的风潮，不少人没有思考清楚自己到底是否需要，就盲目做了"美宝家长"。结果，这几年诸如孩子读书、落户等一系列负面问题逐渐浮现出来。

对新富来说，移民需要周全的规划。正如本章第一节所言，自由从来不是免费的，移民的自由亦然。比如，美国和中国有着非常不同的税制，美国的征税能力也早已可以做到全球征税。如果处理不善，将严重影响财富保值和传承。那么，就让我们以移民美国为例，看看移民前后可以做哪些工作，盲目移民又会存在怎样的风险。

第一，移民美国后，如果要对美国境外的房产、股票或其他资产进行处理，需要缴纳至少15%的联邦资本利得税和各州州税。以股票为例，如果移民前以100元买入，移民后股票升值到200元，此时卖出，赚得的100元就成为征税对象。但如果在移民前一天卖出，移民后再以同样价格买入的话，就可以节省下相当可观的税款。所以，资产要在移民前出售，或者馈赠给家人，避免被征税。

第二，美国有外国人境外赠予及美籍赠予的免税额，也可以加以利用。按照相关规定，非美国税务居民赠予美国税务居民的境外资产，若不超过每年10万美元，受赠方取得后只需申报，而完全无缴税义务。换句话说，移民前赠予家人的资产，在移民后可以技术性地赠回来，避免被征税。

第三，如果有一定的年纪，移民前可以先办理好退休，并全额领取退休金，这样可享所得完全免税。

第四，移民前要找专业机构做好资产净值报告，评估国内资产价值。根据资产净值报告的内容，也可以从一定意义上将前往美国后的资产利得税降低。

第五，对新富来说，移民美国后可以用保险、信托来规划税务，避免美国高额的遗产税。如在美国投保人寿保险，自己做受保人，信托做受益人。然后，将人寿保险保单的持有权也转移给信托。这样一来，保单资产就不会计入投保人的个人资产，而成为信托资产。一旦受保人身故，信托将获得保险金。而信托的受益人和受益规则，是由信托订立人（即移民新富本人）制定的（参考第三章"持续方案：信托"）。

以上，只是随手举几个例子而已。正所谓兵马未动，粮草先行。**个人换证件是小事，财富安排才是大事。**从财富的角度来说，移民相当于成为另一个地区的税务公民。在移民的实际操作过程中，需要做的准备多多益善。不过，这都是可以理解的。毕竟是离开自己熟悉的生活环境，前往陌生的目的地，辛苦岂在话下？

战胜"黑天鹅"

> 没有侥幸这回事，最偶然的意外，似乎也都事出必然。
>
> ——著名现代物理学家　爱因斯坦（Albert Einstein）

2007 年，黎巴嫩裔美国作家塔雷伯（Nassim Taleb）出版了《黑天鹅效应》一书，深入研究了"黑天鹅"事件（black swan events），奠定了他在随机事件研究领域的地位。诺贝尔经济学奖得主卡尼曼（Daniel Kahneman）称其"改变了世界对于'不确定性'的想法"。

什么是"黑天鹅"事件？在 18 世纪欧洲人发现澳大利亚之前，他们只见过白色的天鹅，所以在当时的欧洲人眼中，天鹅都是白色的。直到欧洲人在澳大利亚看到黑天鹅后，视野才打开。也就是说，仅仅一只黑天鹅的出现，就能使从无数次对白天鹅的观察中归纳推理出的一般结论失效，从而引起人们对认知的反思——以往认为对的，不等于以后总是对的。所以，人们用"黑天鹅"比喻那些意外事件。

"黑天鹅"事件主要具有三大特点：1. 这个事件是个离群值（outlier），因为它出现在一般的预期范围以外，过去的经验让人不相信其出现的可能；2. 它会带来极大的冲击；3. 尽管事件处于离群值，一旦发生，人会因为天性使然而做出某种解释，让这事件变得可解释或可预测。

在财富的传承过程中，无可避免要遭遇"黑天鹅"事件。**从富不**

过三代，到富要过三代，**绝没有侥幸**。作为家族来说，一定要善用资源。新富阶层在"黑天鹅"事件未出现的时候，就要防患于未然，多结交有智慧、有专业的专家和顾问，组建自己的智囊团（参考第七章"智囊：知识分子"）。

家族财富的管理之道，在于分散、分散、再分散。早在 2010 年，就有一些富豪家族接受了咨询服务，普遍接纳了多元化的财富方案，不仅包括资产类别和资产类型，还包括家族资产的存放地域。因为如果犯"单一"错误（参考第四章"'单一'风险"），新富的资产将面临巨大风险。只有妥善管理，家族财富才能战胜前所未有的"黑天鹅"事件。

老子云："治大国，若烹小鲜。"那个时代的"国"，不是近代意义上的民族国家，多是诸侯国，其体量和现在较大的家族差不多。**管理一个家族，既要有宏观视角，制定长远的目标；也要有微观视角，从小处着手做事。**比如，为了衡量家族财富管理是否成功，可以 30 年内家族财富增长一倍为目标，以保证几代人的发展；同时，每 5 年有一个小目标，不断完善家族建制。另外，树立良好的家学与家风（参考第八章"家学与家风"），也是必须要做的事情。因为只有这样，家族成员才能有一致的目标，肩负使命感。

过去的 20 多年里，全球"黑天鹅"事件频发，比如"9·11"恐怖袭击事件、东南亚金融海啸、英国脱欧、特朗普胜选等。尤其是 2020 年，新冠肺炎疫情蔓延、国际原油价格暴跌等，导致全球 GDP 下降，成为自 20 世纪 30 年代大萧条以来最严重的经济衰退，处处给新富阶层敲响警钟。很明显，新富阶层的财富避险需求急升，对现金流的需求也大幅提高，不少人都在等待机会。

家族和世界一样，都是动态的。在传承中，每个家庭成员都不能怠慢。其中，家族第二代的角色至关重要，因为他们承上启下。在第五章中，笔者将逐一拆解围绕在创富者周围，包括家庭关系在内的各种人际关系。

家庭关系风险

> 智慧，不是死的默念，而是生的深思。
> ——荷兰哲学家　斯宾诺莎（Baruch de Spinoza）

家庭关系是许多人忽视的财富风险。为什么家庭关系会成为风险？因为家庭成员拥有创富者的财富继承权，正所谓"人为财死，鸟为食亡"，**人性是经不起考验的**。一旦涉及金钱利益，家庭成员极容易撕去温情脉脉的面纱。所以，抱持最善意的想法的同时，也要做好最恶意的防范。

荷兰哲学家斯宾诺莎争夺继承权的故事，很好地反映了家庭关系风险。

1632 年，斯宾诺莎出生在荷兰阿姆斯特丹一个富裕的犹太家庭。作为家中独子，父亲很想斯宾诺莎来继承家业。但是，斯宾诺莎自小沉迷哲学，不喜欢经商。斯宾诺莎 22 岁那年，父亲去世，留下了大笔遗产。没想到为了争夺遗产，姐姐无情地将斯宾诺莎告上法庭。面对来势汹汹的姐姐，斯宾诺莎没有选择退让。虽然他并不在乎金钱，但依旧全力以赴和姐姐打官司。最终，法庭判斯宾诺莎赢得官司。而获得遗产的斯宾诺莎，转身就将所有遗产全部馈赠给了姐姐，并告诉姐姐："我打官司并不是为了这些可怜的遗产，而是要向世界证明，我有继承它们的权利。"——本是同根生，相煎何太急。

从财富传承的角度来看，一些新富或许还不知道有哪些陷阱。如果盘点一下，财富传承工具起码有超过 20 种，但新富很少妥善使用。以下，举个真实发生过的案例。

话说在江浙有个富豪，他结过两次婚，和前妻有一女儿，和现任妻子有一儿子。某日，富豪得到噩耗，他身患不治之症，命在旦夕。于是，他开始计划将财富传给子女。思前想后，他决定聘请律师，尽快订立遗嘱。经过律师见证，遗嘱订立好了。他把遗嘱委托给律师保管，并要求律师必须在他去世后才能向家人宣布遗嘱，并协助家人办理遗产继承等手续。最后，他安详地离开了人世。

富豪去世后，现任拿着遗嘱到房管局，要求按照丈夫遗嘱把房产过户到自己名下。出乎意料的是，这一看似合理的要求，却遭到了房管局的明确拒绝。房管局的工作人员告诉她，遗嘱必须在公证处做一个继承权公证，然后才能凭继承权公证书来办理房产继承过户手续。

现任于是寻求律师帮助。万万没想到，律师告诉她，想要办理继承权公证，必须要所有享有继承权的继承人全部到场并签名同意，才算有效。这下可麻烦了。由于富豪的女儿也是继承人，但尚未成年，因此要监护人也就是富豪的前妻代表女儿签名。但富豪的前妻对现任恨之入骨，不争产已算好，怎么可能同意瓜分富豪遗产？结果，这单继承案就陷入了僵局。富豪自作聪明，没想到带来了更大麻烦。

没有完美的财富传承方案，只有尽可能完善的财富传承方案。随着创富者接近退休年龄，财富传承方案必然提上议程。更何况天有不测风云，人有旦夕祸福。财富传承方案，唯越早越好。早制定，才有时间加以完善。目标是明确的，那就是：确保家庭财富能够按照创富者的意愿平稳过渡，创富者的意愿得以持续、彻底地贯彻执行，实现成功的家族传承。

案例四

温州籍亚洲女首富两次争产
——华懋家族遗嘱案

1990 年 4 月 10 日，香港地区富商王德辉在跑马地马会打完壁球回家途中，被数名匪徒绑架。这群匪徒非常嚣张，公然在《东方日报》和《星岛日报》刊登广告，指明要王德辉的妻子龚如心与他们联络，而且完全不怕警方录音、监听。绑匪勒索的赎金，高达 10 亿美元。

后来才知道，这次绑架案的幕后策划钟维政，是香港地区警署的一个退休警长。而距此 7 年前的 1983 年 4 月，王德辉已经被绑架过一次。那次龚如心交了 1100 万美元，才把王德辉赎回来，警方经过追查，绑匪全部落网。钟维政在看过案件文件后，冷冷一笑道："这群绑匪虽然手法高明，但是在几个重要环节上犯了致命错误，所以才会被捕，如果我来做，定能成功。"所以，他策划了这次绑架案。

钟维政过度自信，事实证明他策划的这起绑架案最终亦未成功。1991 至 1993 年，有 6 名相关疑犯陆续被捕。他们本来打算将赃款通过地下钱庄汇往中国台湾，但也被截获。但非常不幸的是，王德辉在这次绑架案中失踪。根据疑犯供称，王德辉于 1990 年 4 月 13 日被香港远洋渔船载至公海，自此下落不明。整整 9 年后，王德辉的父亲王廷歆才从法庭获得儿子的推定死亡证明，此举为的是和龚如心争夺王德辉的遗产。这场"世纪遗产争夺战"前后打了整整 7 年时间，主要是围绕王德辉的遗嘱展开。

但没想到的是，2007 年龚如心去世后，遗嘱居然再次引发了一轮遗产争夺战。华懋家族的情缘、姻缘、良缘、孽缘，不禁令人唏嘘天理循环。

青梅竹马的小夫妻

王家和龚家是世交，都是在上海闯荡的温州人。龚如心 1937 年出生在上海，是家中长女。她的父亲龚云龙是上海一家英资油漆厂的职员，而王德辉的父亲王廷歆则是该厂代理商。两家往来甚密，龚如心 2 岁时就认识比自己大 3 岁的王德辉了，两人青梅竹马，很早便私订终身。

1945 年，王家赴香港发展，两家仍保持联系。1949 年，龚父在一次沉船意外中去世。得知消息后，王德辉就叫龚如心来香港，住在自己家里。龚如心在 18 岁生日当天，嫁给了王德辉。不过，王家父母一直反对二人交往，认为龚如心太"野"。从龚如心早年的照片来看，当时的她十分端庄文雅，不知道王家父母何以有火眼金睛，能看到龚如心性格深处的狂野。王德辉失踪后，龚如心的造型、作风大变，不分场合穿着出位，还出版销售个人形象的漫画和娃娃，大概这时才是真性情流露？

龚如心和王德辉在旁人眼中相当恩爱，她会在大庭广众下喂丈夫吃东西、秀恩爱。终其一生，龚如心都声称深爱王德辉。位于香港荃湾的如心广场有两座建筑物，以"Teddy Tower"和"Nina Tower"命名，"Teddy"和"Nina"就是王德辉和龚如心的英文名。

婚后，龚如心在会计事务所做秘书。有天，她因为拼错客户的名字被老板责骂。王德辉听说后，叫龚如心不要干了。他看妻子无所事事，便叫她来自己的公司上班。

王家在内地时就开办染料公司，来香港后，家族生意发展得顺风顺水。1960 年，王氏父子成立华懋置业。龚如心加入后，成为王德辉的得力助手，两人联手，华懋的事业如日中天，在西药、化工原料进口，石油工业产品，农产品及饲料方面，皆大有作为。

华懋作为地产商的发迹，是从"六七暴动"开始的。那时候香港地区的房产价格大跌，王德辉和龚如心逆势大量收购土地，华懋转型成为地产发展商。随着 20 世纪七八十年代香港经济起飞，地产价格上升，华懋集团规模不断扩大，成为香港最有实力的地产发展商之一。

不过随着 1983 年和 1990 年王德辉两度被绑架，人也失踪了，龚如心遭受巨大的心理打击。1992 年 3 月 12 日，一个男人走进龚如心的世界。这个名叫陈振聪的男人，不仅成为龚如心的"蓝颜知己"，更是在龚如心去世后，成为和华懋争夺龚如心遗产的"狠角色"。

和公公争夺丈夫遗产

1992 年，龚如心开始梳起她标志性的两条辫子。在外界看来，她似乎开朗了，也获得了一个花哨的外号"小甜甜"。陈振聪说，他和龚如心相识一周便开始热恋。而当时，陈振聪刚刚结婚不到 10 天。他们的关系一直处于地下状态，而且说不清道不明，有说是情侣恋人，有说是风水师徒。唯一肯定的是，1993 ~ 1995 年，龚如心分 18 次一共给了陈振聪 6 亿多港元。

1995 年，龚如心登上《福布斯》杂志封面。1997 年，她成为全球最富有的华人女性，资产 70 亿美元，比郑裕彤、何鸿燊、霍英东都要富有。不过在风光背后，已经有人对她非常不满。

根据香港法律规定，失踪人士 7 年未寻回，可推定死亡。1997 年，王德辉父亲王廷歆入禀香港高等法院，请求法院准许宣告王德辉死亡，1999 年 9 月 22 日，获得批准。王廷歆这么做，是为了让他手中王德辉的遗嘱生效。王廷歆和龚如心为争夺王德辉遗产对簿公堂，官司一直打到 2005 年。

王廷歆出示了一份王德辉于 1968 年订立的遗嘱，内容是王廷歆可以获得其大部分的遗产。而龚如心则出示了另一份 1990 年王德辉重新订立的遗嘱，内容为把所有遗产留给龚如心。根据香港地区遗嘱的法律规定，应当执行订立者的最后一份遗嘱。王德辉是 1990 年失踪的，也就是说不可能有更晚的遗嘱了。

然而，法庭判决龚如心所提供的 1990 年的遗嘱为伪造无效，龚如心更因涉嫌伪造文件及意图妨碍司法公正被捕。但她不服，提起上诉。又经历了两年多时间，2005 年 9 月，香港终审法院推翻原判，判定龚如心提供的遗嘱真实。龚如心洗脱罪名，并继承了王德辉所有遗产。

经历这场世纪争产案（真的从 20 世纪打到 21 世纪），龚如心和王家彻底翻脸。王廷歆则眼看父子共同创立的产业落入他不喜欢的儿媳之手，直到 2010 年去世，享年 100 岁。

不知道是否因为焦虑成疾，2004 年龚如心确诊卵巢癌晚期。根据龚如心好友何鸿燊的说法，龚如心太过节俭，有病不愿看医生，其实早就身体不适，拖了 3 年才去检查，所以才这么严重。但令人不解的是，所谓节俭的龚如心，为什么会对陈振聪挥金如土呢？

2007 年 4 月 3 日，龚如心在香港养和医院病逝，享年 69 岁。于是，龚如心的遗产问题再度引起关注。由于王德辉和龚如心没有子嗣，而两人早在 1988 年便创立了华懋慈善基金。2002 年时，正在和王廷歆争夺遗产的龚如心，不知出于什么原因，宣称她订立了遗嘱，身后要把全部遗产捐给华懋慈善基金，作为慈善用途。所以，龚如心去世后遗产顺理成章由华懋基金会继承。但世人不解：为什么生前吃尽遗嘱苦头的龚如心，还会选择用遗嘱作为遗产分配方案？

果然，龚如心尸骨未寒，她生前的律师之一麦至理对外发出声明，指龚如心遗嘱的受益人并非慈善机构。基于隐私考虑，他不能透露受益人的名字。又过了几天，陈振聪召开记者会，自称为龚如心遗产的唯一继承人，开启了他和华懋基金会的遗产争夺案。

"跳梁小丑"陈振聪

陈振聪出身草根，只有中学学历，做过酒保、服务员、市场调查员及电子零件销售。他还有大量的诈骗犯罪记录，比如曾经冒充医生申请 4 张信用卡，消费 9.2 万港元。另外，他还有冒充革命先烈后代、留学生、贸易商人、校长高级顾问等诸多劣迹。

1990 年，陈振聪在尖沙咀开设"振业兴隆堂"，开班传授风水，教学内容其实是他父亲写的一本名叫《天图布局》的书。不过，根据上过陈振聪课的学生回忆，陈振聪上课非常草率，只是口授，谁也没有见过真正的《天图布局》，有时他甚至只是在上课时煮方便面吃。

公开宣称有遗产继承权之后，陈振聪一改过去低调的作风，招摇过市。2007 年，他斥资 15 亿港元，在迪拜向法国空中巴士购买最新型的豪华版 A350，成为全球首名以个人身份购入这款飞机的人。

在其后打官司期间，陈振聪丑态百出，把他和龚如心的诸多文字、图片、录音等资料作为证据，并在法庭大曝自己与龚如心的情欲往事。法官质问陈振聪：为什么在 2005 年 12 月收取龚如心 6.88 亿港元？陈振聪回答："她叫我老公，喜欢给我。"龚如心的家人对陈振聪恨之入骨，龚如心的弟弟龚仁心在法庭痛斥陈振聪："你每句话都是侮辱我姐姐！"

那段时间，"龚陈恋"是香港街谈巷议的八卦，市民大骂陈振聪贪得无厌。有次陈振聪上电台参加节目，有市民打电话进来骂他"不知廉耻""世界有你这个男人是一个遗憾"。但陈振聪非但脸皮厚，还胆大妄为。香港《明报》2011年11月20日报道，陈振聪居然声称中央政府也参与了龚如心2002年的遗嘱案，他是和中央"争产"，更扬言说自己是香港唯一的政治犯，坐牢都很光荣，到时有大把时间写回忆录。不过2010年2月2日，高等法院判定陈振聪的遗嘱为伪造，判刑12年。陈振聪锒铛入狱，大快人心。

如今，龚如心的遗产安全地在华懋慈善基金会内。而据说陈振聪在牢里真的写了一本回忆录。陈振聪因表现良好，加上扣除假释期，于2021年7月3日刑满释放。他向媒体表示，仍不放弃对龚如心遗产的争夺。

华懋家族的遗嘱案，让世人见识到以遗嘱作为遗产分配方案的不可靠性。遗嘱极容易伪造，也极容易引发争端。龚如心在世时，如果把华懋慈善基金会设立为信托，并提前完成资产注入动作，就没有陈振聪的闹剧了。财富作为工具，应该是为人增加幸福感，而不是增加烦恼的。殷鉴不远，在夏后之世。

5

人际关系
面面观

孤独：创富者

菲茨杰拉德有部传世名著 *The Great Gatsby*，内地译作《了不起的盖茨比》，但港台翻译似乎更有神韵，叫《大亨小传》——即便是"大亨"，也只留下了一部"小传"。小说的主人公盖茨比，是典型的创富者。作为文学，这一人物故事吸引人，而从财富规划的角度来说，盖茨比无疑是反面教材。

创富者，是孤独的。**孤独不是寂寞，寂寞可以用狂欢来消解，但是孤独无人理解。**盖茨比就是没办法忍受孤独的人，所以他看起来很作，最后不得善终。

盖茨比是文学人物，作者把他的生活描绘得纸醉金迷。可实际上，多数创富者没日没夜地工作，而且勤俭节约。正如本书始终强调的，没有人的财富可以凭运气得来，也没有人的财富可以凭运气守住。财富对于创富者来说，是一生的修行。

创富者是所有家族关系和家族事务的核心。创富者在人生这条修行路上，很容易忽略一些重要的事情，比如和家人的沟通。他们通常有非常好的事业伙伴，但有时与家人的关系却貌合神离。不少创富者最终会和元配分手，这并不一定是"有钱就变坏"，而是在创富的过程中，双方的认知会渐行渐远。两个认知不匹配的人，是不可能携手走到最后的。

　　创富者也许会再婚。无论再娶或再嫁，都有可能要面对处理和"前任"儿女的关系。人际关系还是小事，因为创富者拥有巨额财富，继承权的争夺才是真正值得提防的。假如创富者有足够的意识，运用本书所介绍的遗嘱、保险、信托等金融和法律工具，做不可撤销的安排，那么，创富者最好在生前尽可能向所有涉事者解释清楚自己的用心，以免引发不必要的争端。

　　创富者和后代的认知之间，很容易出现鸿沟。**创富者认为财富是创造出来的，而对后人来说，财富是天生拥有的。**有次，美国前首富洛克菲勒在接受采访时，记者问他和儿子小洛克菲勒之间有什么不同，洛克菲勒说："我比不上他，他有一个好爸爸。"众所周知，洛克菲勒的父亲是个卖假药的混混，而且还抛弃了洛克菲勒母子。洛克菲勒所有的财富，都是他白手起家创造的。

　　经常出现的情况是，创富者对财富的认知非常极端，非此即彼。他们有人会认为，既然自己可以赤手空拳创造家业，那么后代也必须一样。但也有人会认为，自己创造财富的过程太艰辛了，不希望后代重走，于是对后人倍加宠爱。这两种极端的想法，都是不健康的。

　　创富者正确的观念应该是，勤勉和节俭是放之四海而皆准的美德，子孙万世都不可不劳而获。但后代可以站在父辈的基础上，从更高的起点出发，创造更伟大的价值。所以，创富者要客观看待自己创造的财富。另外，创富者应该有个明确的意识，那就是：他能给家族留下的，不仅限于金钱。同样有价值的遗产还包括良好的关系、广阔的人脉、正直的人格等。

　　总体而言，创富者的处境是不被理解的。也只有创富者自己，才真正体验过创富路上的酸甜苦辣。所以就难怪，创富者往往会变得专断——这是创富者的宿命。

辅助：配偶

> 如果你娶到一个好妻子，你会很幸福；如果娶到一个糟糕的妻子，
> 你会成为一个哲学家。
>
> ——古希腊哲学家　苏格拉底

在过去，创富者多数是男性。而当今社会，创富者可能是男性，也可能是女性，他们的配偶亦然。

从新富的视角来说，配偶有两种，一种是在结婚时就已经很有钱的配偶，一种是婚后才见证新富逐渐变富的配偶。中国内地的法律有夫妻共同财产的相关规定。所谓夫妻共同财产，指在婚姻关系存续期间所得的由法律规定的财产，归夫妻共同所有，夫妻对共同财产有平等的处理权。

每对夫妻的情况都不相同，正所谓"清官难断家务事"，夫妻间相濡以沫，当然是幸运的事。如果夫妻关系良好，创富者要尽可能保障配偶的财富权益。创富者多数经商，而经商都有债务，所以要保护好配偶。曾经有家保险公司写过一句非常有名的广告词，叫"留爱不留债"，可谓一语中的。

在有些家庭，采用的是一个主内、一个主外的模式。如果夫妻之间相得益彰，不得不说这样做是很不错的。夫妻之间的合作，有助于保持双方认知的同步性，对维持婚姻也是有帮助的。

不过与此同时，人心隔肚皮，所以在财富规划的时候，婚姻风险

是不得不考虑的。经典案例是王宝强离婚案。在诉讼离婚的时候，双方就女方是否存在故意隐匿转移婚内财产行为进行抗辩，而男方声称由于女方转移婚内财产，造成其诉讼费都必须去借。这样的悲剧，就是没有曲突徙薪造成的。

那么有人可能会问：如果在婚姻存续期内，用信托进行财富安排，是否可以规避风险呢？因为前文说过，信托是按照信托订立人的意愿执行的。一言以蔽之，由于中国内地有夫妻共同财产的概念，所以婚姻一方欲动用夫妻共同财产，另一方有权知情并同意，否则，另一方可以主张无效，影响信托的效力和存续。同时值得留意的是，在中国香港订立信托，配偶签署知情书不是必要的程序。原因是根据香港地区法律，并没有夫妻共同财产的概念。所以，中国香港信托的主要功能是"防火墙"。

有时候，配偶可能变成前配偶，前配偶仍然会对创富者自身或者成立的新家庭构成风险。这些风险，也可以通过信托等工具规避。同时，也要在家族内树立对婚姻的认知。归根到底，婚姻是一种财富分配方式。假如只是以爱情或延续生命为目的，今时今日已不是非结婚不可。

另外，创富者除了要防范自身的婚姻风险，也有责任替子女考虑他们的婚姻风险。原因很简单，如果有子女的话，多数华人会将财富传给自己的子女。而子女的配偶，同样会对家族财富构成风险。例如，内地有"婚前财产"和"婚后财产"之说，所以新富应该考虑在子女婚前就将财富合理分配给子女。还有的时候，创富者在去世时仍未看到子女结婚，但这并不代表不需要做财富安排。未来强大的不确定性，才是最可怕的。信托，是可以对未出生的人的财富安排也进行规范的财富传承工具。

　　总而言之，良好的婚姻是财富中的财富，不好的婚姻则会给财富造成毁灭性破坏。

孝敬：父母

> 一个老年人的死亡，等于倾倒了一座博物馆。
> ——苏联作家　高尔基（Maxim Gorky）

华人讲究孝道，传统孝道与现代孝道存在广泛的讨论空间。中国古代经典《礼记》中说："孝有三：大尊尊亲，其次弗辱，其下能养。"可见即便是在古代，给父母钱花，赡养他们，也只是最基本的。最大的孝道，则是尊敬父母。但这又有个前提，就是父母是值得尊敬的人。毋庸置疑的是，对中国新富来说，如果有知书达理、见多识广、值得尊敬的父母，是非常幸运的事情。

20世纪70年代末恢复高考的时候，经历了"文革"期间的学业荒废，不少人是靠家学考上大学的。可以想象，当年考上外语系的大学生，甚至曾经冒险学习，才有可能通过考试。而在是否要重新回到学校的抉择上，虽然有些人是自己做的决定，但更多是父母劝诫、支持子女务必抓住这人生中重要的机会。由此可见，父母给子女的财富，除了金钱，还包括宝贵的人生经验。

有些创富者会把财富暂时存放在父母名下。通常，这类创富者的主要考量是：相比没有血缘关系的配偶，直系血亲终究是较为可靠的。子女尚未成年，或资历未够承担家族财富的时候，创富者只能暂时信赖父母——这是很有中国特色的行为，西方人和父母的关系通常没这么亲密。

不过，**将财富暂时存放在父母名下是有风险的**。虽然现在人的寿命有了大幅提升，中国内地的人均预期寿命已经超过 77 岁，考虑到城乡差距，应该说城镇人口活到八九十岁是很普遍的，甚至不少人活过 100 岁。但父母年迈，存在的风险不仅限于随时有可能过世，还包括丧失民事行为能力。

《中华人民共和国民法典》第二十一条规定："不能辨认自己行为的成年人为无民事行为能力人。"随着人的预期寿命延长，患认知障碍（较常见的如阿尔兹海默病）的人也日益增多。当一个人罹患认知障碍，就有可能被判定丧失民事行为能力。

在中国内地，无民事行为能力的成年人须有监护能力的人担任监护人，其财产将由监护人代为支配。监护人的顺位分别是：第一配偶；第二父母、子女；第三其他近亲属。换言之，创富者未必是父母的监护人。假设一种情况，创富者的父母丧偶，老来再婚，则父母的配偶是再婚配偶。万一父母确诊认知障碍，创富者的财富就会由父母的再婚配偶所支配了。

而在中国香港，对丧失民事行为能力的人的财产，则是采取直接冻结的方式，直至丧失民事行为能力的人恢复健康，才可恢复支配权；或者该人死亡，其资产才可作为遗产进行分配。所以，资产在香港地区的创富者，必须设立持续性授权书（CPOA）来杜绝这一情况出现。持续性授权书，即用来指定在丧失民事行为能力时可以支配财产的人。

另外，父母作为创富者家族中重要的成员，本身拥有创富者遗产的继承权，所以还有可能牵扯其他问题。如果创富者的父母本身就拥有很多财富，而创富者又有兄弟姐妹，那么在财富安排上就会变得更加复杂了。总之，处理好和父母的关系，是创富者必须要面对的。

意外：再婚

婚姻好比鸟笼，外面的鸟想进进不去，里面的鸟儿想出出不来。

——法国哲学家 蒙田（Michel de Montaigne）

"股神"巴菲特曾说："人生的成功不在于任何一笔投资，而在于你和什么样的人结婚。"相信多数人都会认同这一点，所以结婚的时候总是充满期待的，应该不会有人以离婚为目的而结婚。

然而，婚姻和人生一样充满不确定性。根据经济学者任泽平的统计，中国内地离婚率持续攀升，1987～2019年，粗离婚率从0.5‰攀升至3.4‰。如果说离婚是意外，那么对新富阶层来说，离婚后选择再婚，则可以说是意外中的意外。毕竟，离婚的新富尝过不幸的婚姻给财富带来的伤害，而再婚又不是必然选项。从某种意义上说，再婚有时候或许比之前的婚姻更加出于爱情。

不同地区对离婚的法律各不相同，中国内地和中国香港就很不一样。香港地区沿袭英国的法律传统，在离婚时，弱势配偶常常会分走创富者一半的财富。但是在中国内地，创富者离婚的成本会低很多。所以，谨慎选择离婚地也是创富者在财富规划时要考虑的要素。如果婚姻真的走到不得不离婚的境地，假如有时间的话，创富者应该精心部署这件事。经典案例，是传媒大亨默多克（Rupert Murdoch）的离婚案。

1999年，默多克与第二任妻子安娜离婚，支付了整整17亿美元的分手费。同年，默多克迎娶第三任妻子邓文迪。这次，默多克做足了防范。2007 年，他成立默多克家族信托（The Murdoch Family Trust），将绝大多数资产都注入信托。如介绍信托时所说，信托可以有效隔离资产。

所以，2013 年默多克与邓文迪离婚的时候，邓文迪仅获得位于纽约曼哈顿第五大道的一套豪宅，以及中国北京的一套四合院。虽然这些资产也价值不菲，但相对来说，默多克的损失可以忽略不计了。

2016 年，默多克四度结婚。坐拥超过 140 亿美元的默多克，如今可以放心在情场驰骋。信托的加持，极大降低了婚变对其家族财富有可能造成的潜在风险，默多克终于可以坦然迎娶真爱了。

值得一说的是，根据普通法体系中的相关规定，如果在离婚前夕才急急忙忙订立信托，是有可能被判定恶意隐藏资产，从而丧失资产隔离效果的。所以，新富要学习默多克，趁早订立信托。而为了避免配偶发现，可以选择属于普通法体系的中国香港作为订立信托的地区。说来说去，香港地区真的是新富的一个绝佳的财富"避风港"。

再婚的另一个困扰，是创富者可能与历任配偶都会产生爱情的结晶。多子多福是华人的心愿，但不同配偶所生的子女之间，大概率会因为争夺财富而阋墙。还有一个现象偶尔也会出现，就是新富年纪大了以后再婚，有可能再婚配偶的年纪比自己的子女还要小。

家庭关系越复杂，创富者的责任也就越重。原因很简单，家庭关系之所以复杂，纯粹是创富者自己造成的。所以，处理好家庭成员之间的关系，也成为创富者当仁不让的使命所在。

继承：子女

> 我留给儿子的只有我的名字。
>
> ——法兰西皇帝　拿破仑（Napoléon Bonaparte）

子女，在华人社会是很重要的。当只有一个子女的时候，创富者往往不得不以其为财富继承者。而如果子女多，就可以进行挑选。于是问题来了：在子女多的家族财富的分配上，究竟该按照怎样的制度进行分配呢？

在日本文化中，家族的财富分配相对简单，因为长子有继承家业的义务。但是在中国，"立长"还是"立贤"，从来都是值得争议的命题。一旦处理不好，就容易酿成"家族大乱斗"。香港科技大学的金乐琦（Roger King）教授曾做过的一项研究表明，从心理学的角度上说，**长子在能力上是最弱的一个，次子或更小的儿子比他们战战兢兢的兄长更富创业精神。**

子女在社会上必须实现终身经济独立，才能有所作为。所以，创富者有必要为子女做好妥善安排。其中最为人津津乐道的案例，是中国香港艺人沈殿霞为女儿郑欣宜订立的信托。

沈殿霞花名"肥肥"，20世纪90年代可谓是家喻户晓的大明星。1985年，沈殿霞和郑少秋在加拿大结婚。1987年，他们的女儿郑欣宜出生。次年，沈殿霞和郑少秋离婚，女儿由沈殿霞抚养。

沈殿霞视郑欣宜为掌上明珠，呵护备至。但2006年，沈殿霞确诊肝癌，当时郑欣宜还不到 20 岁。沈殿霞一面忍着病痛，一面对女儿十分担心。在几轮咨询过后，沈殿霞决定将名下 6000 万港元遗产注入信托。

信托是保密文件，所以我们无从得知其内容，只能根据公开媒体报道，管窥一二。据悉，郑欣宜直到 35 岁才能获得母亲的全部遗产，而在此之前，郑欣宜只能每月从信托中获得 2 万港元生活费；也有一种说法是，郑欣宜获得这 2 万港元生活费的前提是她必须有工作收入，不能坐享其成。另外，沈殿霞留下的住宅，在郑欣宜 35 岁前也只能居住，无权买卖。唯一有权支配的财产，只有一部保姆车。

2008 年，沈殿霞撒手人寰。而之后 10 多年，验证了沈殿霞作为母亲的先见之明。

沈殿霞离世后，情窦初开的郑欣宜和一名外籍男友陷入热恋。年少无知的她，被男友的嬉皮士气质吸引。男友成天游手好闲、无所事事，郑欣宜成了男友的"提款机"。在一起才一个多月，郑欣宜已开始变卖财产，甚至将沈殿霞留给她的保姆车卖掉，并解雇司机，套现约 20 万港元。最困难时，郑欣宜的银行账户余额甚至不足百元，只能等下个月的生活费救济。最终，郑欣宜与男友分手。

可以想象，如果不是沈殿霞生前铸了一道"防火墙"，郑欣宜可能会将所有财产都"败"给男友。如今，郑欣宜自己的事业发展得不错，而即将 35 岁的她，亦有能力掌握巨额遗产了。郑欣宜的心中，对母亲怀着无比的感恩。

除了设置信托规则，沈殿霞订立的信托，还请郑少秋作为信托监察人（trust supervisors）。夫妻情缘尽，但子女永远是子女。无论在创富者生前还是身后，都可以为子女考虑周到。

考虑：兄弟姐妹

君子坦荡荡，小人长戚戚。

——中国古代教育家　孔子

中国至今都没有建立起成熟的职业经理人系统，更何况新富创业的初期。所以很多新富的事业中，都有兄弟姐妹的身影。当年，兄弟姐妹都风华正茂，一起打拼事业，但是随着大家年纪渐长，兄弟姐妹都成家立业，家族关系越来越复杂。各种连襟、妯娌、子侄之类的，纷纷加入家族企业，私心既出，问题就渐渐出现了。**正所谓共患难易，共富贵难。**

兄弟同心，其利断金，这是理想状态。但在现实中，很遗憾，多数情况叫人失望。兄弟姐妹一旦结婚，他们的配偶，以及配偶的父母，都会搅和到创富者的事业中来。就我们对人性的基本认知，要求别人做"君子"是奢望。所以在风平浪静的时候，创富者就要主动和兄弟姐妹进行沟通，比如找机会赎回兄弟姐妹所持有的股份。任何粉饰太平的做法，都是对家族的不负责任。

要知道，兄弟姐妹对新富的财富是有继承权的。根据中国内地《继承法》规定，继承的第一顺序是配偶、子女、父母，第二顺序是兄弟姐妹、祖父母、外祖父母。虽然兄弟姐妹未必能够继承到新富的遗产，但如果他们怀"捣乱"之心，提起诉讼，也可能搞到家族鸡犬不宁。

新富要考虑的问题显然更多：一方面，要考虑自己和兄弟姐妹之间的关系；另一方面，也要对自己后代和自己的兄弟姐妹之间出现争产防微杜渐。在这点上，中国香港富豪郭得胜的做法就是表率。

郭得胜的新鸿基地产，在全世界都赫赫有名。早在 20 世纪 80 年代，郭得胜就协同妻子邝肖卿订立了家族信托。1990 年郭得胜去世，邝肖卿成为家族信托的话事人。

2008 年，不出郭得胜所料，他的儿子郭氏三兄弟发生内讧。二弟郭炳江与三弟郭炳联希望通过新鸿基董事会将长兄郭炳湘踢出管理层，郭炳湘则立刻反击，将包括两个弟弟在内的 16 名董事告上法庭。一通刀光剑影之后，闹剧最终以郭炳湘被罢免主席及行政总裁职务、邝肖卿出任主席一职告终。

而这场闹剧的真正原因，据说是郭炳湘想让婚外"红颜知己"唐锦馨进入公司，从而造成母亲邝肖卿不悦。邝肖卿力挺儿媳李天颖，拒绝让唐锦馨插足公司任何事务。人称"老佛爷"的邝肖卿十分铁腕，如果儿子敢胳膊肘往外拐，她连儿子也不放过。

2010 年，邝肖卿重组信托，将郭炳湘移出受益人。这一举动，对郭炳湘产生巨大的震慑作用。经过几年硬撑后，郭炳湘终于扛不住。加上二弟与三弟从中斡旋，郭炳湘主动向邝肖卿认错，与唐锦馨撇清关系。最终，邝肖卿看郭炳湘态度诚恳，才允许他重新成为信托受益人。

郭氏家族是香港的"四大家族"之一，郭得胜创富不易，邝肖卿守财有道，郭家三兄弟全都是千亿富豪。同时，新鸿基热衷支持文化事业，鼓励全民阅读，在香港市民中口碑很好。和普通家庭不同，邝肖卿的权威不是用道德树立的，而是用信托树立的，她身后站着强大的法律。而最重要的，是郭家利用家族信托，才杜绝了兄弟间所有的意气用事。

难题：非亲属关系的伙伴

> 如果爱，请深爱，爱到不能再爱的那一天。
>
> ——法国文学家　杜拉斯（Marguerite Duras）

对创富者来说，虽然是非亲属关系但是有照顾义务的情况，也是偶尔会出现的。人是感情动物，一旦产生感情，难免身不由己，创富者就有义务负起责任。更何况，创富者也可能拥有非婚生子女。

哪些情况属于非亲属关系的伙伴呢？比如上文所说，创富者可能会有非婚生子女，非婚生子女的父母，对创富者来说就属于非亲属之列。另一种情况，如内地电影《西虹市首富》中暗示观众的那样，男主角王多鱼的二爷和金先生之间也存在亲密关系。电影尾声，金先生说："其实严格意义上讲，我是你二奶。"原来，二爷的财产之所以会轮到王多鱼来继承，正是因为二爷没有子女。而电影也交代得很清楚，假如王多鱼未能达到继承的要求，二爷的遗产就会交给基金会管理。

创富者在世的时候，比较方便支配财富，让非亲属关系的伙伴享有优渥的生活。问题的关键在于，如果创富者溘然长逝，非亲属关系的伙伴该如何是好。在前文介绍财富工具的时候，曾经提到保险可以作为财富传承的"自动挡"，让财富悄无声息地到创富者想要照顾的人手中。其实，中国香港的信托同样可以起到类似作用，非亲属关系的伙伴也能受到良好保护。

简单梳理一下，创富者或许可以用以下 5 种方法，对非亲属关系的伙伴进行财富传承：

1. 赠予。赠予必须在创富者生前完成，但前提是双方有足够的信任。

2. 遗嘱。遗嘱的作用是在过世后行使财富分配，但需要留意，遗嘱要经过创富者合法继承人的同意并公证后方可行使权益。

3. 公司。用公司进行财富分配的前提是，非亲属关系的伙伴本身对经营公司有兴趣且有能力，否则不宜这样做。

4. 保险。保险的特点是遵从保单权益人对受益人的安排，所以可以将保额分配给非亲属关系的伙伴。

5. 境外。比如运用香港地区的信托。

总体而言，社会正朝着越来越开放、平等的方向发展，但在目前的环境下，非亲属关系的伙伴的财富传承仍是个难题。对非亲属关系的伙伴来说，创富者或许无法提出过多的要求，**财富安排是其唯一可以祈望的事**。非亲属关系的伙伴的存在是创富者自己的选择，所以，在公序良俗的框架内，在不伤害其他人的前提下做好财富安排，可以说是创富者的义务。创富者必须合理运用财富传承工具，既不影响财富，也不影响关系。

义气：合伙人

单个的人是软弱无力的，就像漂流的鲁滨逊一样，只有同别人在一起，他才能完成许多事业。

——德国哲学家　叔本华（Arthur Schopenhauer）

新富多数有事业上或生意上的合伙人。在创富的过程中，好的合伙人与创富者并肩作战，共同创造价值；在商业层面，新富处理与合伙人的关系驾轻就熟，比如合理分配股权等，在此不展开论述。值得注意的是，合伙人对新富的企业来说，既是财富，同时也是风险。如果合伙人不幸出现意外，对新富的事业来说，将是沉重打击。有效预防这一点的做法，是为合伙人购买"要员保险"（key person insurance）。

"要员保险"并不是一个法律上的专有名词，而是保险行业内部的一个概念。它通常是指，以公司名义为对公司来说十分重要的人员所投保的保险，可预防要员因死亡、疾病或受伤而引致的营商利润损失等。要员保险的受益人，一般是公司或老板。因此，要员保险不是某个特定的险种，凡是能起到上述作用的保险，就可以纳入要员保险的范畴。假设有一份人寿保单，在保险期内可提供合伙人的寿险保障，并没有其他利益。而保险期又不长于该合伙人对公司的有用期限。购买这项保险的目的，是在要员因死亡、疾病或受伤而不能工作时，对公司的营业收入可能引致的损失做出补偿，这便属于要员保险。公司的合伙人之间，更可以运用要员保险"互保"，来预防彼此之间可能出现的风险。做好要员保险的另一个好处，是其保费可以算作公司支出，因而可以抵扣相应的税费。

而从财富传承的角度来说，新富也要做好安排，把合伙人纳入规划范畴，因为不少新富对此的考虑是不足的。把合伙人规划在传承之内，也是必要的。或许用"传承"一词对合伙人来说略显不当，但笔者想不到更好的词了。分配是商业层面的考虑，同时合伙人存在的风险也是商业层面需要考虑的。而这里要说的，是如何运用财富工具惠及、保护与自己一起打江山的合伙人。一些公司为了让合伙人之间保持较为长期的合作关系，会作为公司福利为合伙人购买供款期较长的储蓄型保单，以此作为合伙人的一笔额外退休金。

一份事业在创业期，通常有较大金额的负债，无论是投资人还是供货商，往往都是出于对合伙人的信任，因而给予公司较长的成长期或回款期。所以，保护好合伙人也是给予公司相关的各个利益方信心的事情。可以说，合伙人的良好关系是事业成功的基石。

表面上看，财富是金钱、公司等一系列有形的资产，但归根到底，最有价值的财富终究是人。有不少公司明明做得很好，却戛然而止，不是经营出了问题，而是合伙人出了问题。所以，新富务必处理好与合伙人的关系。

风险：债务关系

人与人之间可有金钱来往，使我们的人际关系比较成功。

——中国台湾作家　三毛

我们在前文说过，给金钱注入时间元素，便构成金融行为。从这个层面上说，债务关系也是一种简单意义上的金融，新富通常多少都有些债务关系。所有负债，都有担保。一个人的能力，是与他的负债能力成正比的。构成负债能力的有两方面：一种是与金融机构的负债关系，金融机构会根据信用评级，向借债者放债，信用评级越高能借出的钱越多；另一种是与私人的负债关系，这和借债者的人品相关，人品越好能借出的钱越多。

负债可以聚合资本，集中力量办大事。但是，在负债的时候也要想好退路，因为风险是无处不在的，一旦出现意外，新富留下的债务就需要有人承担，这与创富初衷相背离。

2014 年，国内知名影视文化公司小马奔腾的创始人李明突发心肌梗塞去世。2018 年，李明的妻子金燕被小马奔腾股东之一建银文化产业投资基金（天津）有限公司（下称建银投资公司）告上了法庭，北京市第一中级人民法院一审判决金燕负债 2 亿元。为什么会产生如此高昂的负债？事缘李明去世前两天，正是他与建银投资公司所签"对赌协议"到期的日子。小马奔腾没能按照约定在 2013 年 12 月 31 日前成功上市，属于"对赌"失败。基于这份"对赌协议"产生的债务，建银投资公司将金燕告上法庭。法院依据婚姻法司法解释（二）第二十四条，判决金燕因夫妻共同债务要在 2 亿元范围内承担连带清偿责任。虽然金燕为此很愤慨，说："当年的'对赌协议'我没有签字，巨额的投资款项，也没有用于夫妻共同生活，我甚至都没有持有过小马奔腾的股权，这一切为什么要我来承担？"但是法律规定了，就是板上钉钉的事情。

有鉴于此，有债务的新富必须给自己做好保障，简单的操作是购买人寿保险，将自身的风险转嫁到保险公司头上。就算不是做生意的人，买了房子，尚未还清贷款，也要购买足够的保额，以确保一旦发生意外，保险金足够偿还所有房贷。这样一来，新富在外打拼才无后顾之忧。

债务的一方存在风险，债权的一方也存在风险。把钱借出去，万一债务人出了什么意外，后续将很麻烦。所以，一些明智的债权人在借钱出去的时候，会要求债务人购买人寿保险。在保险规则上，债权人与债务人之间是有可保关系的。实际上，一些金融机构（如银行）在放债的时候，早已有这样的操作。对风险的控制，是一种极为重要的金融思维。

只有流动的钱，才具备价值。所以风险控制内的债务关系，是良好的关系。新富处理好债务关系，既是保护债权人，也是保护债务人，更是保护自己所爱的人。

案例五

哥哥花花公子，弟弟影视大亨，百亿家族为何没有兄弟阋墙
——林百欣家族

中国香港富豪林建名患淋巴癌，于 2021 年 1 月 8 日去世，享年 83 岁。林建名虽然是富豪，但名气与成就没有他的父亲林百欣（1914～2005）大，也没有同父异母的弟弟林建岳大。在分家产时，他受到了极不公平的对待，即便如此，他却过了快乐的一生。他的一生，简直可以用"委屈的一生，风流的一生"来形容。

备受冷落

提起林氏家族，在香港可谓如雷贯耳。林氏祖籍广东潮阳，在当地名声显赫，林百欣的父亲是汕头银行家林献之。林百欣 1914 年出生，幼年迁居香港，就读九龙民生书院。1947 年，他和妻子赖元芳在深水埗创业，成立丽新制衣，从摆地摊卖衣服到开厂房做衣服，一度垄断了香港出口非洲的服装生意，被称为"非洲王"，迅速累积财富。1970 年，林百欣进军地产业，投资工厂楼宇，后又于 1988 年购入亚洲电视控制股权，成为娱乐大亨。简言之，林氏在香港是横跨纺织、地产、传媒、零售、酒店等诸多行业的大家族。

林百欣有 4 位妻子，分别是赖元芳、余宝珠、顾瑞英和蔡艳如（只有蔡于 1979 年离婚，其他三位均是香港允许纳妾时代所娶的合法妻子）。林百欣与 4 位妻子分别育有 8 名子女，其中林建名是长房妻子赖元芳于 1937 年诞下的第一个孩子，可谓嫡出的"长房长子"，人称"林

大少"。而林建岳则是二房余宝珠于 1957 年生下的次子，人称"岳少"。照华人的传统，家族事业通常都会由长子继承。但林百欣不走寻常路，在世时便刻意扶持林建岳作为接班人，身后更将 95% 的遗产给了林建岳，其余家人分剩下的 5%。林百欣究竟为什么会有这样的决策，林建名又是否有不满呢？

林建名在香港，是出了名的风流。身为大少爷，他从小生活优渥，先后就读名校拔萃男书院，后又负笈英国，毕业于伦敦市学院商科及伦敦贸易学院纺织系，1955 年毕业回港，协助父亲林百欣打理制衣事业。本来，林建名应该是父亲的得力助手，不过这一切都随着弟弟林建岳的出生而改变。

1950 年，林百欣迎娶二房太太余宝珠。据说在林百欣事业最艰难的奋进期，余宝珠扮演了贤内助的角色，所以林百欣对余宝珠非常敬重，认为她有卓越的经商天赋。也可能是由于这个原因，林百欣对林建岳的"商业基因"亦寄予厚望。1987 年，林建岳从美国俄勒冈大学毕业回港后，便渐渐取代哥哥林建名，成为林百欣最重要的助手，出任丽新集团董事会副主席。

不过，林建岳到底是有过人天分，还是因为父亲的悉心栽培，才慢慢掌握为商之道的呢？这一直是坊间议论的话题。实际上，林建岳在年少轻狂的时代，也曾犯过不少人生及投资上的错误。

1980 年，林建岳和台湾影星谢玲玲结婚，但两人于 1995 年离婚。1997 年香港回归前夕，香港楼市处于高位，林建岳瞒着家人，花 69 亿港元购入中环富丽华酒店。他原本计划重建酒店大赚一笔，谁知遇上亚洲金融风暴，负债超过 100 亿港元。这使得林百欣的丽新发展集团成为香港史上亏损最高的上市公司，股价大跌。但即便犯了如此严重的错误，林百欣只用一句林建岳"眼光不足"轻松带过，出手帮他还清债务，还称赞他"有事业心"。经历过婚姻和事业的"双失败"后，林建岳才成熟起来。2002 年，林建岳投资拍摄电影《无间道》大获成功，林百欣对次子的赞赏更是溢于言表。

潇洒大少

而林建名在看到弟弟接手家族生意后，并未感到被冷落的威胁。林大少受母亲赖元芳影响，生性温顺，不好争斗。既然父亲不看好自己，又衣食无忧，自己干脆就甘心"退位"，醉心声色犬马。

当时，林建名对外宣称嫌香港没有高素质男性杂志，便于 1989 年从知名人士郑经翰手上买下《花花公子》（*Playboy*）杂志的中文版权。《花花公子》杂志当时处于鼎盛时代的尾声，销量不错，首期封面人物是香港小姐郑文雅，众多女星如钟楚红、张曼玉、叶子楣等，都曾当过"兔女郎"。但根据《明报周刊》等媒体的报道，林建名买下《花花公子》杂志的真实用意，是结识年轻貌美的女子，借机猎艳。自此以后，关于林建名的主要新闻，基本上都和绯闻八卦相关。

同时，林建名还是资深的体育迷。他喜欢在体育事业上花钱，是圈内出名的"好好先生"。从 1983 年开始，林建名就出任东方龙狮队（包括足球队与篮球队）的"东方会长"，直到去世，历时 38 年。而他任主席的鳄鱼恤（Crocodile）品牌标志，多年来也都与东方球衣分不开。东方足球队在多年间，经历过许多高低潮，林建名从未因此而停止对球队的资助。林建名去世后，东方龙狮足球队及篮球队都将社交网站上的球会徽章转成黑白色，以示哀悼。

另外，林建名还非常喜爱红酒，他位于观塘鳄鱼恤大楼的办公室有 70 多平方米的品酒室，里面摆满各地知名红酒。林建名还在香港赛马会拥有多匹名马，多数都以"大少"命名，如：潇洒大少、嘻哈大少、开心大少、威威大少、精灵大少等——这或许也是他的一种自况。

实属幸运

父亲林百欣生前，每提起林建名，总是责怪他"没用""胆小""不学无术"。为了向父亲表现自己的才能，林建名也曾尝试过。1987年，丽新集团买下老牌香港服装品牌鳄鱼恤，然后开启和法国品牌拉克斯特（Lacoste）的商标大战。由于鳄鱼恤和拉科斯特的商标都是鳄鱼（开口一左一右），容易混淆，二者又都旨在抢夺内地市场，于是林建名主动请缨，和长女林炜珊出征法国，谈判商标事宜。最终，2003年林炜珊重新设计鳄鱼恤商标解决纠纷，此役让林建名很感自豪。

然而，林百欣对林建名的论断没有改观。2004年，林百欣半年内连摔两跤，健康状况急转直下，于是开始安排遗产分配。当时丽新集团旗下共有4家公司，分别是丽新发展、丽丰控股（主营内地房地产）、鳄鱼恤和丰德丽（主营电影制作）。根据林百欣的安排，33%丽新发展股权以馈赠方式送给二房太太余宝珠和林建岳，等于将整个"丽新王国"交由次子继承。林建岳分得的资产包括丽新控股、丽新发展、西贡蚝涌亚视厂房和其他待发展地皮。而林建名分得的资产仅有鳄鱼恤、名人商业大厦、上环毕街地铺和广州私人项目天河娱乐广场。

父亲分家产厚此薄彼，有记者问林建名是何感想。林大少表示无所谓，以前在父亲身边做事就总是这样，早已习惯。林百欣2005年去世，次年，林建名以每股0.61元的价格购入鳄鱼恤51%股份。

林建名手中最值钱的资产，是位于观塘的鳄鱼恤大厦。鳄鱼恤大厦2006年市值约1亿港元，林建名决定进行翻新，以此提升租金。

但当时重建，需要 2.7 亿港元补地价，建筑成本又高达 3.7 亿港元，合计 6.4 亿港元。手头现金只有 2.7 亿港元的林建名不堪重负，唯有向林建岳寻求合作。经过谈判，林建名和林建岳共同分摊地价，而建筑成本则由林建岳负担。重建完成后，林建岳可获得每年租金约 2 亿元，林建名每年只分得约 4000 万港元，结果相当于鳄鱼恤大厦也落入弟弟囊中。如此不公平的条件，不知林建名为何同意。都说知子莫如父，真令人怀疑林建名是否真如林百欣所言，不是做生意的材料。

香港老一辈富豪，不少都三妻四妾，子孙繁盛。而在富一代过世后，往往会上演争产戏码，但林氏家族反而没有，可谓罕见。个中原因，林建名的性格发挥了关键作用。而他的性格，不得不说与其母赖元芳的影响有很大关系。林百欣长房赖元芳出身书香世家，爷爷是香港大学中文系创办人之一赖际熙。她没有野心，什么都不计较。从小耳濡目染母亲的无为作风，林建名也与世无争。

潮汕人善于经商，又喜欢人丁兴旺，传统上都会生育很多子女。他们会在子孙中选择最适合的人选来继承家业，然后再根据家族成员的不同性格，把他们安排到不同位置上。有次赖元芳接受专访，曾说二房余宝珠很强势，而二房培养出来的林建岳，可谓继承家业的不二人选。

然而无论如何，林氏家族的个案实属罕见，在香港豪门中鲜有类似者。不能因为林家的幸运，就觉得可以复制。情感纽带是重要的，但人性是靠不住的，反面例子不胜枚举。所以在 21 世纪的今天，通常富豪们都会在关系和谐的基础上，再借助金融、法律工具来安排财富分配。

林建名作为一个特殊的存在，随着他的离世，这段故事也画上了句号。

6

无处遁形
的财富

天下大势，征税竞争

税收这种技术，就是拔最多的鹅毛，听最少的鹅叫。

——法国政治家　柯尔贝（Jean-Baptiste Colbert）

20世纪七八十年代，由于美国时任总统里根和英国时任首相撒切尔夫人的引领，全球经济进入新自由主义时代。与这股潮流同时而来的，是各国对资本展开的争夺，各国之间发生了"税收竞争"。

什么是税收竞争？日本学者谷口和繁的总结言简意赅，他说："税收竞争指的是，为了把国际流动资本吸引到本国，各国均对这种资本实施减税措施而引发的减税竞争。"

于是在过去半个世纪左右时间里，不仅英国、美国这些国家为吸引资本纷纷减税，而且还诞生了开曼群岛、维京群岛、百慕大等免税区，以及中国香港、新加坡这些低税金融中心。

为什么资本需要聚集？马克思在《资本论》中说："资本不是物，而是一定的、社会的、属于一定历史社会形态的生产关系，后者体现在一个物上，并赋予这个物以独特的社会性质。"由此可见，资本作为一种生产关系，是可以通过叠加起来形成势能，从而形成巨大生产力的。

伴随税收竞争，全球经济取得了长足发展。然而，那个热火朝天的经济时代似乎正成往事，税收竞争的弊端逐渐浮现。其中一个最大的问题，就是以往各国为了吸引资本，有意无意间容许金融机构以保密为由替客户隐藏资本，从而逃脱纳税的义务。逃税事小，更有甚者会利用法律漏洞洗钱。

2016 年，国际调查记者同盟（ICIJ）揭露了巴拿马的莫萨克冯赛卡律师事务所一批令世界愕然的机密文件。这批"巴拿马文件"（Panama Papers），涵盖了该律师事务所自 20 世纪 70 年代开始所列的有关 21.4 万家离岸金融公司的详细资料，共 1150 万笔，揭露了各国政治人物、权贵财阀们刻意隐藏、未经曝光的海外资产。通过媒体的大篇幅报道，大众被资产的总量震惊。

所以从 2010 年开始，由美国带头，全球进入了"征税竞争"时代。2010 年，美国通过了一条名为《美国海外账户税收合规法案》（FATCA）的联邦法律。该规定要求所有非美国的外国金融机构有义务搜寻美国公民在该机构的金融活动进行记录，并主动向美国财政部报告这些人的资产和身份。这是一条典型的"霸王条款"，但胆敢不配合美国政府的金融机构，都会遭到美国政府的制裁。根据媒体报道，汇丰银行在 2012 年就曾卷入一起洗钱丑闻，被指违反美国制裁禁令，对一些贩毒集团提供洗钱服务。随后，汇丰同意向美国政府支付 19 亿美元，"汇丰洗钱案"才达成和解。

看到美国开始全球征税，其他国家也纷纷跟进。2014 年，经济合作与发展组织（OECD）发起共同申报准则，目前已有超过 100 个国家和地区加入（参考第六章"CRS 下资产藏不住"）。

国际格局正在发生变化，全世界逐渐进入经济存量时代，税收竞争的老办法，解决不了这个时代的新问题。**资本的流通性不及往日，更重要的是，随着金融机构无节制地替客户隐藏资本，各国政府越来越难以容忍这种情况持续下去，纷纷展开征税竞争。**从税收竞争到征税竞争，是天下大势。

国际税务原则

我就我的收入纳税，这是我生命中最重要的事，让我感到
无上光荣。

——美国文学家　马克·吐温（Mark Twain）

国际税务透明化是大趋势，税务透明化带来的好处，通俗地说，就是政府可以进行全球征税。但是，**税务透明是把双刃剑**，因为不是所有人都希望被全球征税，尤其是一些巨额的家族资本，这些富豪家族不希望被透露资本规模。所以，早在税务透明化正式来临之前，他们就把资产搬走了。而大量资本转移出域外，会造成本国税基减少，产生损失。所以，各国在具体推进 CRS 的时候，进度会有所不同。有的国家已经完成了资料收集，有的则还没有，有的国家甚至存在刻意拖延的嫌疑。

那么，国际税务征收的原则是什么呢？纵观世界各国，**对域外收入的征税，主要有三种原则：属地原则、居民原则和国籍原则**。属地原则国家不对域外收入征税。居民原则国家只对本国的税务居民的域外收入征税。国籍原则国家在居民原则的基础上，对具有本国国籍的纳税人，不论是否具有本国税务居民身份，其域外收入一律征税。在目前的世界各国中，对纳税人（个人或法人）的国际税务原则大多数为属地原则或居民原则。只有极少数国家实行国籍原则，例如美国、泰国等。

　　从事外贸事业的人士或许对国际税务比较熟悉。一些外贸公司会在不同国家或地区设立多家公司，而由同一人实际控制，这些公司被称为关联方。在居民原则国家看来，因为域外注册的公司不是本国税务居民，所以把利润从域内企业转移到域外的关联方企业，可以避免一些税项。这种节税操作，一般是通过"修改价格"来实现的。例如，域内企业高价进口域外商品，而域内企业又向域外支付高额的商标授权费等。所以，这一操作又被称为转移定价。关联方的另一种节税操作叫递延纳税，也就是将利润留在外域公司而不分红，域内公司则可避免纳税。不过，目前许多国家都制定了反制转移定价和递延纳税的税务规则，类似操作越来越难了。

　　在此要厘清两个概念：节税（tax mitigation）和避税（tax avoidance）是不同的。节税，又被称为税务规划（tax planning），是指在法律许可的范围内，申报合法的免税额，或者调整征税的种类。例如，在中国香港，夫妻可以运用合并报税或分开报税来缴纳较低的税额。又如，善用离岸公司或持有他国护照，享受域外税收优惠。再如，抓住域内的某些行政区的税收优惠政策。2015年，新疆小城霍尔果斯设立经济特区，享有高额节税政策，就曾引发公司注册热潮。

　　对新富来说，税务逐渐成为较大的成本。进行全球财富配置时，要用节省成本的思维。另外，新富还可以运用税盾（tax shield）来节税。所谓税盾，指的是纳税人运用免税额来降低纳税的效应。既然不同国家和地区有不同的免税额，那么在全球合理配置资产，享受免税额，就成为一种节税的方式。

　　总而言之，税务是一门专业，里面的学问很多，而税务这门专业会在未来变得越来越重要。新富应该与专业人士合作，为自己做好税务规划（参考第七章）。

CRS 下资产藏不住

世上不存在任何秘密，除非秘密能自动保守。
——英国文学家　萧伯纳（Bernard Shaw）

跟随美国推进《美国海外账户税收合规法案》的步伐，2014 年 7 月 15 日，受二十国集团（G20）的委托，OECD 发起共同申报准则（Common Reporting Standard，CRS）。CRS 设立的主要目的，是通过金融账户涉税信息交换，打击诸如用离岸银行账户跨境等避税问题。目前，已有超过 100 个国家和地区加入了 CRS，且多数国家都已经完成了一至两次信息交换。

金融账户涉税信息交换的标准，由主管当局间协议范本和统一报告标准两部分内容组成。所谓主管当局间协议范本，是以互惠性模式为基础，规范各国税务主管当局之间，如何开展金融账户涉税信息自动交换的操作性文件，分为双边和多边两个版本。而统一报告标准，则规定了金融机构收集和报送外国税务居民个人和企业账户信息的相关要求和程序。简言之，前者是政府层面的信息交换，后者是金融机构向政府部门的信息呈交义务。

为什么要强调资产透明是大趋势？在过去，金融机构对客户的信息保护，是它们最大的竞争优势。只有保护个人信息的金融机构，才会得到客户的青睐，最典型的例子是作为永久中立国（neutral country）的瑞士。瑞士的金融机构的保密性享誉世界，所以才吸引了全球资本汇集。但是，瑞士现在也是 CRS 成员国，并已于 2018 年和 2019 年进行了两次信息交换工作，它的信息交换对象中也包括中国。

CRS 交换的涉税信息，主要包括持有人的存款账户、托管账户、现金价值保单、年金合同、证券账户、期货账户、持有金融机构的股权或债权权益等。金融机构会把信息上报当地税务部门，然后再由当地税务部门转交其他 CRS 成员国的税务部门。而至于是否进行国际征税，如何征税，就由各国自己话事了。举例来说，假设一位中国税务居民在瑞士有 1000 万元存款，于是，瑞士的银行就会把该中国税务居民的存款信息报给瑞士税务部门，然后瑞士税务局再将他的信息报给中国税务部门。

在 2014 年到 2017 年的几年间，CRS 一度引发新富的集体焦虑。那几年，相关咨询业务猛增，而全球资产调配也异常频繁。对中国新富来说，CRS 可能引发四大问题：第一，如果资产是从中国内地出去的，那么海外账户里的资产是合法收入还是灰色收入；第二，在资产"出海"的过程中，是合法出境还是通过非法地下钱庄逃避外汇监管出境；第三，"出海"资产在中国境内是否合法完税；第四，"出海"资产能否提供完税证明。这些问题，如果过去没有妥善处理，那么从现在开始就要步步小心。

总体而言，CRS 设立以后，**新富的资产更无隐藏的可能性，只能通过合法的金融、法律工具，对资产加以保护**。某种程度上说，CRS 是件好事，CRS 促进新富了解、思考、学习全球资产配置。

想要节税，新富首先应该向专业人士咨询，先弄清楚两个问题：第一，哪些资产需要纳税；第二，哪些操作需要纳税。既不可不动，也不可盲动。

理清思路，明确目标

没有目标，就做不成任何事情；目标渺小，就做不成任何大事。

——法国启蒙思想家　狄德罗（Denis Diderot）

这些年有不少人贩卖焦虑，其中也不乏贩卖"财富焦虑"者。贩卖焦虑者的套路通常是这样的：想告诉你"你有病"，然后告诉你"他有药"。比如，2017 年 CRS 第一批信息交换之前，据说有的中国香港保险销售人员夸大香港保单的功能，称其可以避免 CRS，误导客户投保巨额保单。而看过前文就知道，现金价值保单明明也在 CRS 需要申报之列。想要避免上贩卖焦虑者的当，就需要做到两点：**第一，明确自己是否需要焦虑；第二，正视自己的焦虑，然后对症下药。**

应该说，不是所有人都需要担心 CRS。作为一种知识，普通人可以学习一下，万一哪天有钱了呢？但总的来说，如果没有外贸、移民、传承等方面的需求，CRS 和普通人是没有太大关系的。而新富则必须积极主动地去了解 CRS，因为遗产税、房产税等政策，都和新富息息相关。

研究过 CRS 的人可能会发现，美国并不在 CRS 的成员国名单中。这是否意味着，把资产放在美国最"安全"呢？大错特错。美国之所以不加入 CRS，是因为它早于 2010 年就已有《美国海外账户税收合规法案》。换言之，**美国举一国之力，通过它的全球霸权，已经具备了全球征集涉税信息的能力。**一旦成为美国的税务居民，在全球几乎任何地方的资产，都会被美国税务部门知道。

也有人会担心：CRS 设立之后，离岸信托是否就没有意义了呢？要回答这个问题，必须先了解需要向 CRS 申报的机构是如何认定的。CRS 有一套测试系统，满足条件的机构，就属于应该进行尽职调查的金融机构或"消极"非金融机构（Passive NFE）。

通常来说，满足条件的信托机构包括两种情况：第一，信托的受托人为金融机构；第二，信托受托人委托其他第三方金融机构来管理信托资产。说得通俗点，如果信托委托人委托的是自然人来做受托人，则有机会不需要向 CRS 进行申报。同时，即便信托的信息需要向税务部门申报，但是信托的具体内容，各国有相当严格的保密要求，所以仍然是受到信托法保护的，不会公之于众。换言之，**如果信托的目标是财富传承，或者规范子孙的行为，杜绝出现"败家子"等，又何必担心 CRS 呢？**

另外，前文我们也说过，物业之所以不在 CRS 需要申报之列，并不代表物业可以避税，而是因为物业本身已经是极易被征税的对象，且符合天然的属地原则。具备这些基础专业知识，可以避免被贩卖焦虑者忽悠。如果找到可靠的专业人士，对新富来说更是如鱼得水。

说来说去，还是要强调一点，那就是新富必须深入思考自己的需求，而不该被诸如"隐藏资产"之类的概念绑架。**纳税是每个公民应尽的义务，不可以避税为目的去做财务规划**。如果只是出于财富传承、税务规划等合理目标，就根本没有必要过度担忧 CRS。让财富在阳光下，运用信托、保险、基金会等金融、法律工具，仍然可以达到传承目标。理清思路，明确目标，绝对不要心术不正。

数字货币的未来

数字货币可能有美好的未来，尤其是如果这个创新可以让支付系统更快速，更安全，也更有效率。

——美国经济学家　本·伯南克（Ben Bernanke）

2009 年，基于区块链技术的第一款数字货币比特币（BTC）问世。谁也没想到，在未来十几年后，它会深刻影响许多人的命运。最初，400 个比特币才能换 1 美元；如今，1 个比特币就价值数万美元。除了比特币，还有莱特币（LTB）、无限币（IFC）、夸克币（QRK）等不同名目的数字货币。

与此同时，数字货币也创造了一些新富。坊间更是出现了"比特币首富"之类的神话，令人艳羡。这批新富与传统新富不同，他们持有的是前人没有处理经验的财富。数字货币作为美元、黄金之外的一种全新的资产，提供了资产避险的新共识、新思路和新的可能性。并且，这种共识还在不断扩大。

大众对数字货币的认知或许主要来自数字人民币（E-CNY）。2020 年，中国宣布推进数字人民币多地试点，中国人民银行遂成为世界上第一家表示要发行数字货币的官方机构。但是，数字人民币和比特币，是不同的数字货币。数字货币可以分为 4 种：法定数字货币、虚拟货币、可信任机构数字货币、超主权数字货币——数字人民币属于第一种。至于比特币，现在关于它应该定位成虚拟货币还是超主权货币的争论仍未停息。

超主权货币这个概念，类似央行前行长周小川提出的"超主权储备货币"概念，而它与目前通用的以美元作为世界货币不同。世界货币，是世界上多数国家共同采用美国的主权货币作为货币；而超主权货币，是世界上多数国家共同接受一种全新的货币作为货币。用语言来比喻，就如现在的"世界语言"是英语，但是如果论"超主权语言"的话，则应该是世界语。比特币之所以会存在超主权货币的争议，就是因为目前它在世界范围内（尤其是官方层面）的认受性还很弱。

数字货币及区块链技术，或许将以生产要素的方式改变人们的认知，这意味着生产关系的深远改变。2019 年，美国公司脸书（Facebook）宣布要推出数字货币天秤币（Libra），它属于 4 种数字货币中的可信任机构数字货币。脸书称，天秤币的目标是成为一个不受华尔街控制、不受中央银行控制，可以覆盖数十亿人的全球性货币和财务基础设施。消息一出，惹得美国有关部门很紧张。当年 10 月 23 日，美国众议院金融服务委员会召开了长达 6 小时的听证会。会上，脸书首席行政官扎克伯格（Mark Zuckerberg）不断强调，天秤币会以美元为最主要的储备金，这将扩大美国的金融地位。由此可见，即便如脸书这样规模的公司也明白，数字货币必须得到官方的大力支持，才能推行下去。总而言之，了解数字货币，对新富迭代财富认知，想象另一种可能，探索新的价值和意义，会起到积极的作用。

然而，数字货币要面对的挑战还是很大的。它有自身的经济性缺陷，即**缺乏足够的实体经济作为支撑，投机性太强**。如果遭遇金融危机，数字货币仍存在"翻车"危险。而在官方眼中，数字货币则尚未解决反洗钱、反恐怖融资、反逃税等问题。

不过，这一切都不妨碍数字货币信仰者继续投资它。而持有数字货币的新富，则要面对数字货币传承的问题。放眼中国，香港是可以解决这一问题的地区。**在香港地区的法律定义中，数字货币是一种商品。**所以香港地区的信托，目前已经可以将数字货币注入作为资产。

遗产税该不该征

> 同一种东西是不是财富，要看人会不会使用它，即使是钱，对于
> 不会使用它的人而言也不是财富。
>
> ——古希腊历史学家　色诺芬（Xenophon）

2005 年，中国香港立法会通过《2005 年收入（取消遗产税）条例》。根据该条例规定，2006 年 2 月 11 日之后去世的人士，其在香港地区的资产无须缴交遗产税。而在此之前，香港地区遗产税最高税率为 18%。香港地区废除遗产税后，很快形成"财富洼地效应"，吸引全球大量资本流入。

遗产税是世界各国调节财富差距的常用手段。根据不完全统计，部分国家的遗产税税率大致如下：

美国：除极少数州废除遗产税，遗产税税率 40% 左右，60 万美元以下的不需要缴纳。

日本：遗产税税率分为 13 个档次，从 10% 至 70% 不等。

英国：遗产税税率约 40%。

德国：遗产税税率从 7% 至 50% 不等，慈善公益捐赠全额免税。

瑞士：各州的遗产税税率有所不同，一般在 50% 以内。

西班牙：遗产税税率为 7.65% 至 34% 不等。

韩国：遗产税税率为 18% 至 50% 不等。

至于中国内地，虽然自 1996 年开始有关部门就在着手研究遗产

税,但20多年过去了,遗产税迟迟没有推出。2014年,在北京举办的"中国经济增长与周期高峰论坛"上,全国人大财经委副主任郝如玉表示,内地征收遗产税的主要难度在技术上。他认为,遗产税要对不动产和动产两大类财产进行征税,不动产较易,但是动产很难。他举例说,比如许多富豪喜欢收藏宝石、字画,这些都价值不菲,但是很容易藏匿。然而,如果只对不动产征税,不对动产征税,又显得不公平。

郝如玉想得比较周到,但实际上,对动产的遗产税征收在世界各国早已有成熟办法。首先,上市公司的价值很容易计算出来;其次,未上市公司通常采用核算的方法评估价值;至于宝石、字画之类,则可以通过专业鉴定来评估价值——都不难解决。因此,中国开征遗产税不应该存在技术上的难度,迟迟未开征应有其他方面的考量。

本章开头曾提及,世界上存在税务竞争和征税竞争两股潮流。前者通过减免税项,吸引资本流入;后者通过开征税项,来增加政府收入。这两股潮流处于博弈状态,所以世界各国中,废除遗产税和开征遗产税的都不乏案例。更有甚者如意大利,2001年宣布废除遗产税,但2006年又重新开征。**中国内地到底会不会开征遗产税,未来会是新富十分值得关注的议题。**

不过,西方一些富豪似乎很"反潮流",竟然呼吁应该要对他们自己进行遗产税的征收。其中的代表人物,是比尔·盖茨和巴菲特。他们猛烈抨击美国的税制设计,摆明就是给他们这样的有钱人钻空子的。所以,在现有的税制框架下,他们宁可选择"裸捐",把所有资产以慈善基金会的形式回馈给社会,也不愿被政府征税。

其实,关于遗产税的税务规划,在许多国家和地区都有成熟经验。以信托为例,多数专家会建议在信托架构下成立一家或多家公司,然后将资产注入公司,成为公司资产。这样一来,在信托订立人去世之后，其资产仍以公司经营的形式运转，实际上便不发生遗产继承动作，亦不产生遗产税。

中国香港税务优势

在东方有粒珍珠闪闪发光，外地人都向往要看看，

这独特社会香港。

——香港歌星　许冠杰

前文提到中国香港于2006年废除遗产税，其实香港地区的税务优势远不止于此。香港地区向来被认为是"低税港"，但又从来没有被列为"避税港"。香港地区的税务优势，可以总结为以下4点：

第一，简单税制。由于香港地区独特的地理与历史原因，在开埠之初，就被称为自由港，历来以发展贸易为要务，所以税制设计有利于经商、投资和贸易往来。香港地区的税制十分简单。对个人来说，除了没有遗产税，也没有销售税、消费税、预扣税、股息税、资本增值税等税项。对大部分公司来说，也只需要缴纳公司利得税。

第二，低税率。香港地区本来的税率就很低，个人所得税最高为15%，公司利得税最高为17%。相比内地最高45%的个人所得税，简直可谓"低税天堂"。而2017年为了扶持中小企发展，特区政府更进一步改革公司利得税。目前，香港地区的公司利得税实行"两级税制"，即公司首200万港元利润税率为8.25%，多出部分税率为16.5%。

第三，属地原则。香港地区执行的是本地来源税制，即只针对在香港地区产生的利润征税，如商业合同在香港签订、经过香港进出口

货物、在香港提供商业服务、在香港本地制造商品并销售等。并且，特区政府不论国籍，对全球投资者一视同仁。另外，即便是香港居民在海外进行的投资、获得的收益，特区政府也不会对其进行征税。

第四，广泛签订的"避免双重税收协定"。 截至 2020 年 7 月，香港地区共签订了 43 个"避免双重税收协定"，另有 14 个协定正在磋商阶段。这一举措，可以避免香港与其他国家和地区对同一纳税人进行重复征税。值得一提的是，香港地区与内地也签署了"避免双重税收协定"。按照规定，内地居民从香港地区取得的所得在香港地区缴纳的税额，允许在内地税收中抵扣。

香港地区对于新富的意义和价值，不仅在于没有遗产税，可以减少财富传承的损耗。新富中不少都是经商者，也可以利用香港地区的税务优势来进行税务规划。近年，许多内地企业家喜欢到香港注册公司，其中一个重要原因就是为了合理的税务规划。

另外，除了税务优势，香港地区还有许多得天独厚的条件，例如一国两制、高度廉洁、司法独立、发达的传媒、绝佳的地理位置、世界级交通枢纽、完善的金融制度、超高外汇储备等。这些条件，都有利于营商。难怪 2019 年普华永道会计师事务所（PwC）和世界银行的一项报告指出，在全球 190 个税务管辖区中，香港地区的税制最有利营商，冠绝全球。

世界各大国，几乎都有属于自己的离岸金融中心。香港地区作为中国的离岸金融中心，是名副其实的"东方之珠"。香港特首林郑月娥在 2020 年的施政报告中，强调要以不同措施推动香港的金融服务业，以巩固香港作为国际金融中心的地位。

用钱追钱

> 书呆子是读死书，死读书，读书死。钱呆子是赚死钱，死赚钱，
>
> 赚钱死。
>
> ——中国教育家　陶行知

闽南有句谚语叫"人两脚，钱四脚"。什么意思呢？这是一个形象的比喻，钱就好像有四条腿，而人只有两条腿，以此来说明赚钱不易。所以，人追钱是很辛苦的，只有钱追钱才没那么辛苦。而钱追钱，就是钱的第四维。在中国台湾，就有"人追钱"和"钱追钱"的一对叔侄富豪。

在台湾地区的鹿港，有一个显赫的辜氏家族，出了两位大富豪——辜振甫和辜濂松。辜振甫是和信集团掌门人，辜濂松是中国信托掌门人。辜振甫是典型的"慢郎中"性格，而辜濂松则是"急先锋"性格。有一次，辜振甫的长子——台湾人寿总经理辜启允说了一番话来形容二老。他说："钱放进辜振甫的口袋就'出不来'了，但是放在辜濂松的口袋就会'不见'了。"为什么这么说呢？因为辜振甫赚的钱都存到银行，而辜濂松赚到的钱都拿去投资。结果是，二人分别去世时，侄子辜濂松的资产遥遥领先于叔叔辜振甫。新富的财富，最终取决于理财，而非简单的开源节流。

新富要面对的，是主观意愿和客观现实之间的矛盾。主观意愿上，新富创富的目标，是让自己过上幸福晚年，让子孙后代都过上平安富

裕的生活。客观现实是，时代变化的速度越来越快，新富的认知急需提升。尤其是进入互联网时代以来，经济发展模式日新月异。一些新富习惯了事必躬亲，努力学习，但发现认知还是跟不上年轻人。这时候，就应该学习"减法哲学"。不是所有事都亲自上阵才是最好的，把专业的事交给专业的人，才能实现用钱追钱的效果。

本书曾引用日本企业家堀江贵文的名言："赚钱，是最重要的美德。"这句话的言下之意，就是说，花钱不是最重要的美德，省钱也不是最重要的美德。当今社会，消费主义盛行，年轻人太看重花钱；而老年人，又存在过度节俭的习惯。他们还会深信不疑地劝导别人。年轻人说，及时行乐是他们的生活方式；老年人则说，节俭是优良传统。其实，这两种说法都对，也都不对。他们都把不是最重要的事，当成了最重要的事。实际上，不以花钱和省钱为目的的赚钱，才最为重要。

从本质上说，一个人只有发自内心"爱钱"，才能用钱追钱。如果以花钱或者省钱为人生最高追求，前者爱的可能是虚荣感，后者爱的可能是安全感，都不算真正"爱钱"。有人可能会问：又不花又不省，那么赚钱干什么呢？答案是：享受赚钱的过程。"股神"巴菲特就是典型的例子。他一辈子既不追求吃，也不追求穿，住的房子也很普通。但他在找准投资标的时，花钱绝不手软。他的儿子彼得·巴菲特有次说："每当父亲阅读公司报表的时候，总有种'老僧入定'的状态。"

享受赚钱的过程，是新富在这个人生阶段需要建立的价值观。如果有了这种价值观，那么让自己安享晚年，让子孙后代都过上平安富裕的生活，这些创富目标也就迎刃而解了。对新富来说，千万不要用战术上的勤奋来掩盖战略上的懒惰。财富无秘密，只要肯规划。

新富小趋势

> 小趋势是决定未来大变革的潜藏力量。
>
> ——美国未来学家 马克·佩恩（Mark Penn）

小趋势（microtrends）是美国未来学家马克·佩恩于 2010 年的同名著作中提出的。企业家罗振宇在一次演讲中提出，小趋势是"影响趋势的趋势，带来改变的改变"——这个诠释简明扼要。

对中国新富来说，至少有 6 个小趋势会深远影响财富的大趋势。

第一，焦虑增加。国际会计师事务所普华永道 2020 年的一项调查显示，过去 3 年中，中国企业家对"地缘政治不稳定性"（42%）和"政策不确定性"（34%）的焦虑明显上升。而在可见的将来，这两个因素的影响可能有增无减。从小趋势来说，焦虑是个巨大的现实，由不得新富逃避。世上没有一劳永逸的创业，财富是个动态的进程，需要不断遇到问题，解决问题。

第二，关注健康。美国专注于富豪人群的私人财富咨询机构 Wealth-X 的一项调查显示，相比全球亿万富豪的平均年龄 66 岁来说，中国新富的平均年龄只有 56 岁，算是年轻的。不过，从国家卫生健康委员会公布的数据来看，全国平均健康年龄是 69 岁。所以，新富普遍开始关注健康问题，在健康方面的花费也逐年上升，这个小趋势在新冠肺炎疫情后更加明显。

第三，珍惜家庭。人在青年、中年的时候，总想离家，出去闯荡。

但随着新富逐渐步入耳顺之年，他们开始想回家了，享受天伦之乐，对家庭关系的重视程度越来越高。新冠肺炎疫情后，人们对于生命普遍有了新的认知。由于更加珍惜眼前人，所以也更珍惜家庭。而新富的子女，普遍是"80后""90后"，这代人也开始组建家庭，帮忙养育、栽培第三代，亦是新富的小趋势。

第四，减少消费。新富在创富过程中，消费欲望和消费能力都是极强的。即便不沉溺消费，人生中一些必花的钱，也不得不花。比如，自己买房、买车，给下一代买房、买车等。但是伴随着这些必花的钱花完，新富的消费逐渐减少。在社会打拼半生的他们，退休后更享受朴实无华的生活。相对消费，新富的小趋势是更倾向将财富用于稳健投资，获得保值。

第五，思考传承。胡润研究院的调查显示，未来30年，中国将有78万亿元人民币财富面临传承问题。这些传承者中，绝大多数都是新富。中国内地的新富，在财富传承上要面对的问题尤为特殊。由于中国长期实行计划生育政策，新富大多没有太多传承者可以选择。有愿意并且胜任财富传承的下一代，是新富无比的幸运。这就意味着，中国新富要在传承上思考更多。

第六，相信专业。最后一个小趋势是，随着社会分工加剧，中国正在逐渐步入专业主义社会，专业人士会越来越多。新富在理财和传承过程中，从不懂专业到学习专业，再到信任专业，这个趋势是很明显的。部分有远见的新富，甚至很早就栽培自己的子女成为专业人士，有的学金融，有的学会计，有的学法律……随着法治社会的推进，职业经理人也会越来越受重视。

以上，就是新富的6个小趋势。了解小趋势，才能抓住大趋势，顺势而为是王道。

顺德穷小子逆袭成为"最强赘婿"，培养最强孙子接班商业帝国
——郑裕彤家族

中国人形容一个人胆子大，常说"吃了熊心豹子胆"。那么，如果一个人有"鲨鱼胆"，又会是什么样的呢？在中国香港，就有这样一位人物。他，就是绰号"鲨胆彤"的郑裕彤。郑裕彤这个名字如果让你感到陌生，那么他主持或创办的公司你一定熟悉，比如周大福、新世界等。

补贴大战，成为大佬

20 世纪上半叶的中国，战乱不断。但在偏远的广东顺德，小日子还算太平。当地有个绸缎庄商人郑敬诒和一个金铺商人周至元，两家人交情甚好。郑家夫人和周家夫人几乎同时有了身孕，两家人就笑言，如果生了一儿一女，就结为儿女亲家。1925 年，郑家生了儿子郑裕彤，周家生了女儿周翠英，两人指腹为婚，并于 18 年后结为连理。郑裕彤很爱妻子，与其厮守终身。

1937 年，抗日战争全面爆发，日军迅速南下，眼看就要来到顺德。那时候，因为澳门的宗主国葡萄牙已经归顺希特勒，而纳粹德国和日本是同盟，所以日本一直对澳门网开一面。但是由于澳门的特殊地位，当地物价奇高，只有广东和香港的有钱人才有能力去那里避难。周家早于 1931 年就去了澳门，而郑敬诒此时也叫郑裕彤前往澳门投靠未来岳父。这年，郑裕彤才 12 岁。

郑裕彤来到澳门以后寄人篱下，必须好好表现。他在周至元创办的周大福金行当伙计，起初只能做扫地、倒痰盂等最底层的工作。但是可能因为地位被动，所以郑裕彤很会察言观色，人缘极好。周至元是出了名的暴脾气，经常斥责员工，外号"轰炸机"。但是，郑裕彤却特别讨喜，他既聪明又能吃苦，很快就当上了周大福金行的掌管，并迎娶了"太子女"。

1945 年，抗战胜利，香港重光。郑裕彤向岳父提议，不如去香港开拓事业。来到香港以后，郑裕彤暗中观察了一段时间，发现香港金铺林立，竞争很大。不过，他终于找到了一个突破口，那就是他发现当时香港卖的黄金都是"九九金"，亦即成色为 99% 的黄金。郑裕彤心想，如果要在黄金市场上打响名号，可以推出 99.99% 的足金，而价格仍和"九九金"一样。

郑裕彤当时才 20 来岁，他的提议遭到店里众人的极力反对。因为经过核算，这样每卖一两黄金就要亏损几十元，太冒险了。但郑裕彤力排众议，他认为，亏的钱就当广告费，只要坚持一段时间，周大福一定能占领市场。按照现在的话说，郑裕彤准备打的是一场"补贴大战"。就这样，过了不到两年时间，周大福的足金果然在市场上形成垄断地位，全港其他金行都向周大福拿货。

岳父看到郑裕彤这么能干，就在 1956 年让郑裕彤做了周大福的掌门人。而继承周大福的郑裕彤，并没有准备坐享其成，他的征途是星辰大海。香港金界大佬郑裕彤，又把眼光望向了钻石。

当时，香港的钻石市场被"钻石大王"廖桂昌独霸。1964 年，郑裕彤为了打破垄断，直接搭飞机去南非，买下几家有戴比尔斯（De Beers，全球最大的钻石开采公司）牌照的公司，从此相当于自己出货给自己。经过这两次战役，郑裕彤充分展现了他的胆识，江湖上开始有人叫他"鲨胆彤"。

天性好赌，跨界大亨

香港有个神秘的富豪俱乐部，人称"锄D会"。据说，一群商界大佬，会不定期聚在一起锄大D（打扑克），顺便商议生意上的事。郑裕彤天性好赌，常说小赌怡情，自然也是会中成员。

发达了的郑裕彤，始终记得澳门是他的"第二故乡"。1961年，澳门拍卖博彩牌照。"赌圣"叶汉找上郑裕彤，希望拉他一起中标，郑裕彤满心欢喜。但这件事惊动了"赌王"何鸿燊，为了瓦解"叶郑同盟"，何鸿燊亲自登门拜访郑裕彤，承诺如果自己中标也会让郑裕彤参股。最终，郑裕彤同意表面上不参与竞标。而郑裕彤和何鸿燊，就这样不打不相识，日后成了好友。

郑裕彤和何鸿燊发现，博彩行业真的很好赚钱，于是想要拓展事业。他们打开世界地图，思考哪里适合博彩。首先，太发达的地方不行；其次，太贫穷的地方不行；再次，太混乱的地方不行。看来看去，两人不约而同把目光投向了中东石油大国伊朗。

两人说干就干，马上飞去德黑兰实地考察。在德黑兰，他们看到亲美的巴列维国王治下的伊朗十分开放，外国商人云集。于是二人豪掷5000万美元，在当地建成了西亚最大的现代化跑马场。石油大国的人民有钱得很，赌起钱来大手大脚，令跑马场财源滚滚。郑裕彤和何鸿燊成了伊朗的新闻人物，经常有人去他们下榻的酒店，要求一睹"东方赌业双雄"的真容，甚至连国王也为他们授衔。

但是天有不测风云，1978年春，一场由宗教领袖领导的革命爆发了，巴列维国王被迫流亡海外。政变之初，跑马场还运转了3个月，郑裕彤以为虚惊一场。孰料很快整肃运动就来了，新政权要把巴列维的"西方玩意"扫出国门。一天，新政府派出一群人冲进跑马场，打烂机器，占据场地。两人花 5000 万美元建造的豪华跑马场，就这样付诸东流了。何鸿燊对此事耿耿于怀，但郑裕彤云淡风轻。经过此事，何鸿燊对郑裕彤佩服得五体投地，认为他是真正的"赌客"，输得起。

其实，在伊朗经营跑马场的同时，郑裕彤并未停止在香港地区继续扩张他的商业帝国。他从不怕别人说他"捞过界"，从卖黄金珠宝到涉足博彩，他后来又进军了房地产。

1970 年，郑裕彤和恒生银行创办人何善衡及新鸿基地产创办人郭得胜联手，成立了新世界发展。郑裕彤占股最多，达 57%。新世界成立以后，买到尖沙咀沿海的黄金地段，也就是今日看维港夜景最佳的海滨星光大道一带。在那里，新世界兴建了新世界中心、丽晶酒店（即现在的洲际酒店）等标志性建筑物。1985 年，香港会议展览中心的项目也由新世界中标。这是新世界的一个特色，郑裕彤不是全香港拥有土地项目最多的人，但是他的项目几乎都是重要项目。

为什么郑裕彤总是能拿到好的项目？据说，这和他乐善好施有关。或许因为自己白手起家的缘故，郑裕彤从早年开始，就喜欢资助读不起书的贫寒学子。这一举动，他坚持了一生。久而久之，接受过他资助的学子遍布天下，其中不少都成了政要、名人。新世界的成功，和他们投桃报李不无关系。

长子平庸，栽培孙子

郑裕彤还有一个与众不同之处：他是为数不多很早就选择退休的香港富豪。1989 年，64 岁的郑裕彤宣布退休，交棒给长子郑家纯。但是，郑家纯显然接不住这个大盘。才一年时间，新世界就在郑家纯的管理下出现巨额亏损。郑裕彤见此状，不得不复出，一直工作到 2012 年中风为止。

综合《明报周刊》等香港娱乐媒体的报道，作为郑裕彤的长子，郑家纯本应是家族事业最佳的接班人。无奈他不仅能力差，还和父亲朋友的前女友婚外恋，并生了两个儿子。

不知道是不是郑裕彤对长子太不放心，所以才一直工作到病倒为止。巧合的是，郑裕彤病倒后，郑家纯也因身体不适，逐渐淡出管理前线。幸运的是，郑裕彤有好多孙子可以选择，加以栽培，而他的长孙郑志刚格外优秀。

1979 年出生的郑志刚，从小就表现出学霸气质。他凭借自己的成绩考上美国哈佛大学，获得东亚研究文学学士（荣誉）学位。他热爱人文艺术，其先锋艺术在国际艺术圈内都很有名气，同时也有卓越的管理才能。毕业回港后，郑志刚加入新世界工作，郑裕彤积极栽培长孙。2008 年，郑志刚成立 K11，开创全球首个"购物艺术馆"先河。如今，K11 已经成为知名品牌，在香港、上海等地均有商场。有人曾经预测，郑志刚会是未来世界首富的人选之一。

2016 年 9 月 29 日，郑裕彤与世长辞，享年 91 岁。扶棺人中，尽是政要、富豪。当年的福布斯富豪榜排名，郑裕彤位列香港地区第三富豪。据说在人生的最后几年时间中，郑裕彤一直处于昏迷状态。不知道在那段时间里，他会不会回想起自己的人生——从顺德走出来的穷小子，到以大胆闻名的大富豪。郑裕彤的人生，令人想起金庸的那句话：大闹一场，悄然离去。

7

与专业人士
合作

专业主义

> 我是卖豆腐的，所以我只做豆腐。
>
> ——日本电影导演　小津安二郎

专业人士，在西方社会是一个重要的群体。如果对这个群体的定义不太明确，最简单的方法，是找外国的人才引进条件来看看。一般来说，凡是符合人才引进条件的，就可以称为专业人士。然而专业人士这个群体，在中国似乎还不是很成熟。**新富面临的困难是，他们渐渐认识到专业的事要交给专业的人去做，但是又苦于找不到可靠的专业人士。**这厢，新富在找专业人士；那厢，专业人士也提着灯笼在找新富——这种"双盲"的窘境，或许还会维持相当长一段时间。

孔老夫子说："君子不器。"意思是，君子不应拘泥于成为一种固定形态的人。中国人受这句话影响上千年，总觉得只专注做好一件事是比较低级的"器物层次"。不过随着工业革命的推进，社会分工成为大趋势，庞杂的社会体系使人不得不采取协作。于是，各行各业的专家应运而生。孔子的话依旧没错，但更多地成为每个人道德上的追求，在协作中，我们必须追求精益求精的专业主义。

1893 年，法国社会学家涂尔干（Émile Durkheim）出版了他的博士论文《社会分工论》。在文中，他提出，现代社会中的人们必须存在一种团结的向心力，社会才能够维系存在下去。他认为，道德是集体意识的反应，而法律则是社会借由道德的实体化而维持团结的一种努力。基于此，我们可以得知专业人士的一个特点，那就是：他们的专业必须是受到道德与法律约束的。

那么，到底什么是"专业"呢？周星驰电影《喜剧之王》里，对专业的定义是"导演不喊 cut 就不准停"——这是种无厘头的简单解释。实际上，"专业"一词的英语"profession"的词根本是"profess"，意思是"向上帝发誓，以此为职业"。如今的专业人士，未必向上帝发誓，但心中始终要保持敬畏心。正如每个医生在就职前必须宣读的《日内瓦宣言》，就是医生作为专业人士的基本操守。

日本管理学家大前研一在《专业主义》一书中曾提到："在我原来所供职的麦肯锡，专家的行为规范之一便是'obligation to descent'（反驳的义务），对违背自己的良心与职业道德的做法明确表示出自己的想法并提出反驳，这种义务是所有成员都必须履行的。"这就是操守。

通常来说，专业人士必须具备一些基本条件。比如，他们往往毕业于知名的高等院校，同时还持有一些专业资格证书。但仅有这些是不够的，专业人士还必须要受到相当程度的法律规范和道德约束。在中国香港，有许多专门针对专业人士的法律和道德规范。以保险行业为例，香港地区在法律上有《保险业条例》，在政府层面有保险业监管局，在行业内部还有人寿保险从业员协会等，可以说是从上到下规范保险从业人员的专业性。在香港地区，举凡专业人士，都要接受约束。

在本章中，将介绍一些新富应该结交的专业人士。但必须强调，值得结交的专业人士不是只看证书，更加值得关注的是他们的操守。与有操守的专业人士为伍，财富规划将如虎添翼。

守护：律师

法律如蛛网，苍蝇粘得住，黄蜂穿网过。

——英国作家　乔纳森·斯威夫特（Jonathan Swift）

在传统上，中国人不是很喜欢和律师打交道。因为人们通常会认为，和律师打交道意味着惹上了官非。但是，这个观念需要纠正。在依法治国的时代，法律和人们的日常生活息息相关。而对于新富来说，由于很难避免全球资产配置，所以各个法律管辖区的法律，都应成为投资的考量。比如前文说过，各国的遗产税税率相差很大，盲目投资有可能造成没必要的巨大损失。

毋庸置疑，在法治社会，律师被赋予了某种特殊的职权。例如，在遗嘱订立过程中，律师可以作为见证人，使遗嘱更加具备效力。又如，在中国香港，律师和银行、信托公司一样，也可以为客户订立信托，具备同样效力。因此，**在所有专业人士当中，律师是一门对道德要求尤其高的职业**。一个没有道德感的律师行使律师职权时，就会沦为"讼棍"。

一个好的律师，应该具备"中医思维"，就是全方位替客户诊断财务风险，而非只解决客户所提出的问题，更何况很多时候，客户并不知道自己应该问什么。一个优秀且值得信赖的律师，可以启发顾客思考，引导顾客发问。因为解决一个问题的时候，通常会带出其他问题要一并考虑，所以新富最好把自己的诉求白纸黑字地写下来。越是清晰地表达，越有助于律师理解。

如果律师只是过度关注某个问题，有时候会欠缺考虑，一叶障目，反而会埋下不必要的麻烦。在这方面比较著名的案例，是中国香港鹰君家族信托案。当信托委托人想要更改信托时，却发现当初订立的是全权信托（Discretionary Trust）。所以即便打官司，最后巨额出资的鹰君家族竟然败诉了（参考案例七）。

近年来，有些律师同时持有中国内地和中国香港的执业资格，这给处理两地法律事务带来便利性。但新富必须明白一点，那就是**没有任何一个律师可以解决所有的法律问题**。专业人士的一个特点是分工，越复杂的行业，分工越精细。一个税法律师，可能并不懂婚姻法，也不懂信托法。就算他是中国内地税法专家，也未必懂香港地区的税法。所谓好的律师，最好是能扮演权衡的角色：一方面，他们对自己的专业领域非常熟悉；另一方面，他的人脉非常广，可以在新富需要的时候，引荐其他领域值得信赖的专家。甚至当新富需要移民的时候，好的律师也可以介绍移民目的地的律师给客户，解决在地的法律问题。因此，最好的律师通常是驾轻就熟且长袖善舞的。

在和专业人士打交道的过程中，新富可能会不断想一个问题，那就是：律师的这些建议，究竟是帮自己赚钱还是花钱的？就律师来说，新富必须接受答案——一定是花钱的。律师不是投资专业人士，他们的工作，是守护新富的财富。所以，好的律师只考虑风险，不会给客户冒险的方案。

新富如果想要获得盈利更多的方案，没必要找律师，但是想要财富保值，律师是不得不咨询的对象。如果财富保值是一支军队的话，律师扮演的就是排雷兵的角色，让新富不会踩坑。

省钱：会计师

在支出与收入账面不等时商人绝不能上床睡觉。

——意大利会计学之父　卢卡·帕乔利（Luca Pacioli）

做生意的人都知道，公司必须请一名优秀的会计。会计其实是一门很大的学问，同时又是一门很枯燥的学问。相信即便资深企业主，也未必很懂得会计学，优秀的会计更是可遇不可求。

账记得不对，会严重影响企业的决策。举例来说，有一家教育机构开业，请了个业余会计记账。这名会计不懂复式记账，而采取单式记账。结果，把培训费一并归为收入，而没有将培训费和房租、水电、教师工资等成本配比结转。到了年底，老板看了账目，发现项目这么赚钱，自然很开心，于是向银行贷了巨款，开了好多分店。结果当然是开得越多，赔得越多，造成严重决策错误。

会计师是专业人士，必须通过专业考试，才能获取资格。例如，中国的注册会计师、美国的执业会计师、英国的特许会计师、日本的公认会计师等。与中国内地不同的是，在西方社会，会计师一般属于自由职业者。中国香港的会计师，还具备帮居民向税务局申报税项的职能。

现如今，随着高等教育的普及，具备考取会计师资格能力的人越来越多，持证者也越来越多。但会计不仅是一门知识，更是需要长期工作经验累积的行业。一项调查显示，在中国内地的会计师持证者中，只有四成人明确自己考证的原因，而其余六成纯属"跟风"。他们考取会计师从业资格证，却未必会从事相关工作。所以，不是持有会计师资格证的人，都能胜任会计师。

优秀的会计师通常有点"铁面无私"，老好人是做不成好会计的。老板要有能力，容许优秀会计留在企业内。再举个例子。有家企业有名老会计，责任心很强，一切按照规章制度办事，不该报销的费用坚决不报销。公司同事对他意见很大，纷纷向老板投诉，甚至以辞职相威胁。老板没办法，辞掉了老会计，请了个新会计。新会计好说话多了，不得罪人，报销款项手很松。结果到年底一核算，公司利润下降了一大截，老板后悔不已。其实古语早已有云："慈不掌兵，义不掌财。"

许多新富都是企业主。对企业主来说，会计师是税务规划的有力助手。**优秀的会计师，要有知识、有胆识、有见识。**并且，会计师和企业主之间如果有莫逆的信任，是最好不过的。同时，优秀的会计师还要正直。尤其是近年许多新富会在中国香港开设离岸公司，于是就要聘请香港地区的会计师。香港地区采取主动申报的税收制度，会计师的好坏，直接关系到公司的盈利。假如会计师心术不正，为了满足企业主的无理要求就胡乱做假账，企业主分分钟有可能被廉政公署请去"喝咖啡"。

新富如果是企业主，结识优秀会计师的好处还在于，可以找机会给所有岗位的员工都普及一些会计学常识，尤其是一线销售人员。有句话说，懂财务的销售比起会计，对公司更有价值。优秀的会计师是个容易被忽略的职务，而在一个商业社会，这个职务应该获得足够多的重视。

防卫：银行家

银行业是全世界地位最高的职业。

——美国评论家 马丁·迈耶（Martin Mayer）

在现代金融社会，人们几乎无时无刻不与银行打交道。只不过，随着互联网的发展，人们不再需要经常跑银行，对银行的印象淡泊了，继而误以为银行没有过去重要了——这种观点是错的。新富尤其要结识优秀的银行家，因为银行家可以带给新富最前线、最前瞻同时又最保守的商业观察。

然而，什么是银行家呢？这是一个不太容易判别的称谓，银行中也没有相应的职位。美国评论家马丁·迈耶在《大银行家》一书中这样说：**"银行家是推销员和分析家的混合物，一个既是推销员又是分析家的人，其价值十倍于单是推销员或单是分析家的价值。"**

笼统地说，能被称呼"银行家"的人有 3 项基本任务：第一，对股东负责，也就是让银行盈利；第二，对员工负责，也就是做好内部管理；第三，对社会负责，也就是把钱放到最有价值的地方，尽量减少坏账等。能做到以上 3 点，殊不容易。所以，断不是在银行内职位很高的人就是银行家。

总体而言，银行是一个包容性很大的系统，无论是卓越者还是平庸者，都有容身之地。能被称为"银行家"的人，实在为数不多。说个真实案例。在 2008 年次贷危机爆发之前，一些次贷产品因为回报率高，在中国香港卖得很好。但有位银行家敏锐地发觉，这类产品的隐藏条款中，有美国人、加拿大人、欧洲人等不得购买的规定。他深信产品必有问题，不许下属销售这类产品，并且也极力劝导他的客户不要购买。结果，次贷危机之后所有人都来感谢他。这样的人，是真正的银行家。银行家是负责防卫的，只有认识几位卓越的银行家，新富才有可能避免踩入类似次贷危机这样的"大坑"。

中信银行前行长朱小黄曾用"保守主义"形容银行家的气质。他说："银行家是银行的灵魂，有着对客户负责任的态度，坚守审慎经营的态度，银行家的气质修养塑造着银行的'保守主义'文化。银行家，尤其是商业银行家不是冒险家，他们的偏好应该是厌恶风险的。"

在关系上，银行在客户面前较为强势，和银行打交道，客户难免遭遇"店大欺客"。所以，银行职员通常会表现出一种优越感。由于行业变化得很快，银行需要银行家来重新规范行业。即便到现在，极少数银行职员仍然存在误导性销售行为。例如在中国香港，有的外资银行人员会告诉客户，把资产存在外资银行有利于隐藏。这种误导，可以说是罔顾 CRS 下的透明化趋势。

同时，银行的一些老大难问题，也到了不得不改革的时候。比如，客户通常是跟着银行家走的，对银行本身没有忠诚度。所以，银行通常会花巨大成本，绞尽脑汁留住银行家。但这毕竟不是长远之计，随着科技发展，银行家和客户的联系越来越紧密。有些资产总量较大的新富，甚至会动员银行家跟自己合作开设第三方资产管理公司（IAM）或者家族办公室。这样一来，新富和银行家就成了生意上的伙伴，结成联盟关系。

总而言之，新富必须认识几位优秀的银行家。

保值：保险顾问

保险人必须以一位生涯理财专家自许，为所当为，提供最完美的
财务规划建议。

——日本保险女王　柴田和子

今时今日，保险已经成为每个人无法回避的金融工具。保险的功能，前文已经说过了（参考第三章"安全方案：保险"）。然而在此必须强调，新富的保险需求和普通人的保险需求是不同的。普通人需要保险，主要是需要保险的保障功能。新富常常认为，自己有成千上亿的资产，保额对自己来说九牛一毛，所以没必要买保险。殊不知保险行业发展了数百年，早已发展得和其他金融工具盘根错节，可以混合使用。

例如，保险中有一种叫"万能寿险"（universal life）的产品。万能寿险本身有保额杠杆，也有分红，还可以作为资产进行抵押，随时贷款出现金来，保证现金流。不过，由于中国内地早前缺乏监管，部分保险公司运营不当，造成万能寿险濒临"爆雷"。所以，近年内地已不流行万能寿险了。但在金融监管比较严格的中国香港地区，万能寿险依然是很好的保险产品。

新富为什么需要结识保险顾问呢？必须强调的是，**新富值得结识的是保险顾问，而不是保险销售**。保险顾问和保险销售有什么不同呢？保险销售主要钻研的是销售技巧，他们会提供无微不至的服务体验，

过年过节登门拜访等。但前文说过了，新富不是很在意这些，他们最在意的是能够解决问题（参考第一章"新富的投资习惯"）。而保险顾问则不同，他们提供的是咨询服务。一名优秀的保险顾问，既有精算思维，也有核保思维，甚至有银行思维。实话实说，这样的人在保险行业里可谓凤毛麟角。

保险行业内部有个说法：做保险的，不是走投无路，就是身怀绝技。由于中国内地的保险业专业化程度还不足，保险从业人员不少都是因为走投无路才被迫入行。相比保险顾问，保险销售的门槛比较低，所以多数保险人选择往保险销售的方向发展。新富值得结识的，是身怀绝技的保险人。他们能够解决新富的财务问题，而不是一味劝新富不断购买更多保险。

对新富来说，还不得不接受一个现实，那就是随着社会分工越来越复杂，专业服务费会越来越贵。但只要有价值，这些服务费花得并不冤枉。至于保险销售，因为没有过硬的专业，所以经常用"利诱"的方式销售保险，也就是行内说的"返佣"，这种情况并不罕见。但新富如果找到专业的保险顾问，**千万不要向他们索取他们应得的佣金，这样做只会降低你所享受到的专业服务质量。**除非这位保险顾问打从一开始就不想为客户提供专业服务，否则他是不会接受"返佣"的做法的。

时至今日，单纯的保险销售已经无法满足顾客的需求。在中国香港的成熟保险市场，甚至保险顾问内部仍然有继续细分的趋势。优秀的保险顾问除了保险，还要针对某一领域继续钻研。比如有人进修退休，有人进修信托，有人进修医疗，有人进修法律等。在一些西方社会，专业保险顾问是要收取咨询费的。为专业付钱，基本上是现代社会的共识，期待中国内地也早日实现这一点。

规划：家族办公室

种一棵树最好的时间是 10 年前，其次是现在。

——赞比亚经济学家　丹比萨·莫约（Dambisa Moyo）

中国内地把 2015 年称作"家族办公室元年"，从那年起，家族办公室（Family Office，简称 FO 或家办）开始进入中国新富的视野。什么是家族办公室？根据美国家族办公室协会（Family Office Association）的定义，家族办公室是指"专为超级富有的家庭提供全方位财富管理和家族服务，以使其资产的长期发展符合家族的预期和期望，并使其资产能够顺利地进行跨代传承和保值增值的机构"。

如果说本章介绍的多数是独立专业人士，那么家办则是汇聚了一群专业人士的复合体。总的来说，家办的服务对象是超级新富。但随着家办的发展，普通新富现在也能享受家办服务，因为家办逐渐演化为"单一家族办公室"和"联合家族办公室"两种。没办法开设单一家族办公室的新富，可以选择联合家族办公室，后者是同时为多个家族提供服务的家办。

家办为什么是新富必须了解的服务？因为家办的主要功能，是对创富者的财富进行规划。俗话说，**吃不穷，穿不穷，规划不当就会穷**。哈佛商学院家族企业课程主任约翰·戴维斯（John Davis）对福布斯富豪榜上美国富有家族的研究发现，1982 ~ 2011 年的 30 年间，上榜的320 位最富有家族中，只有 103 个家族能够持续留在榜上，占比仅约

30%。换言之，2/3 的富豪家族会被淘汰。

那么，能够持续富有的富豪家族有什么秘密呢？这就不得不说到富豪中的佼佼者——比尔·盖茨。在过去 30 年中，盖茨一直位列富豪榜上，并有一半时间登顶榜首，他是怎么做到的呢？

清华大学五道口金融学院家族办公室课题组曾经针对盖茨的个案做过深入研究。我们都知道，盖茨致富主要是靠他创办的公司微软，但是盖茨的微软股份一路减持。1986 年微软上市时，盖茨持有 1114 万股，占公司总股本的 44.8%。按照当时每股 28 美元价格计算，他持有市值 3.1 亿美元的微软股票，占其总财富的 99%。但是到 2016 年，盖茨持有微软 1.9 亿股，占公司总股本的 2.39%。按照当时每股 57.62 美元价格计算，他持有的微软股票价值 110.05 亿美元，仅占其总财富的 12.22%。

原来在过去 30 年中，盖茨低调成立了一家名叫瀑布投资（Cascade Investment）的家办来为他管理财富。瀑布投资的投资策略，主要是分散投资，减少比尔·盖茨在科技行业的风险。类似比尔·盖茨的富豪还有不少，比如戴尔公司创始人迈克尔·戴尔（Michael Saul Dell），也成立了家办 MSD Capital。

家办的精髓在于，把各个领域的专业人士都动员起来，为新富守住财富。值得一提的是，中国香港未来会在家族办公室领域有长足发展。2020 年，特首林郑月娥在施政报告第 46 条中特别提及："为进一步推动香港的家族办公室业务，投资推广署将成立专责团队，在本港及其他主要市场加强宣传香港的优势，并为有兴趣来港营办的家族办公室提供一站式支援服务。"不少先知先觉的新富，已经在香港地区成立家族办公室，相信未来这一趋势会愈发明显。

持续：创业家

> 等待的方法有两种：一种是什么事也不做空等，一种是一边等一
> 边把事业向前推动。
>
> ——俄国作家　屠格涅夫（Ivan Turgenev）

创业家也属于专业人士吗？他们具备什么"专业"呢？创业的人叫创业者，屡败屡战的持续创业者，才能称为创业家。**创业家的专业，是创业过程中的经验。**创业家没有认证，他们的地位是胼手胝足打拼出来的。新富结识创业家，有助于吸收他们身上持续的力量。

有投资创业项目经验的新富，一般都会倾向投资持续创业者，而对首次创业者迟疑再三。因为对于多数新富来说，自己早年基本上都做过创业者，知道创业是非常凶险的事。为习得创业经验，有些学费不得不交，第一次创业，失败的可能性极大，作为投资者，必须做好"陪跑"的准备。

在早期创业时期，不少新富选择和亲戚合作，因为有基本信任。但是随着事业越做越大，对专业人士的需求与日俱增。无论是想要维持事业原有的规模，还是想要扩大生意，抑或是有转型计划，都要邀请专业人士加盟。与此同时，通常都会请亲戚慢慢退出（有的收回股权，有的收回实权）。这时候，新富可选择的有两类专业人士：一是职业经理人，二是创业家。

职业经理人和创业家有什么不同呢？主要有以下 4 点不同：

第一，创业家是"赚钱思维"，职业经理人是"预算思维"。创业家每天想的是怎么用最少的资源创造最大的价值，他们心里的是一盘总账，要合理调度。而职业经理人心里则有好多不同的账本，会根据每件事制定不同的预算，有多少预算，做多少事。

第二，创业家一专多能，职业经理人界限明晰。遇到事情的时候，创业家能解决的就亲自解决，不能解决的也会亲自找人想办法解决。而职业经理人则会先想，这件事属不属于自己的业务范围，假如在合约里没有写明需要负责，多数时候职业经理人就会选择袖手旁观，不做不错。

第三，创业家心理素质极好，职业经理人随时准备跳槽。创业家认定的事情，会破釜沉舟往前冲，因为他们有对事业巨大的认同感。而职业经理人因为始终有跳槽这条后路，所以不会奋力拼搏。说得直白点，职业经理人通常把手上这份工作，作为给下一任老板看的资本。

第四，创业家没太多规矩，职业经理人思维比较制度化。创业家未必学习过各种经济理论、商业模型等，他们的专长是排除万难、解决问题。而职业经理人通常能做一套套漂亮的PPT，说起话来总是"战略"云云，但究竟是否实用，就要因人、因时而异了。

综上所述，新富应该审时度势，在不同的时间段，选择创业家或者职业经理人。如果事业处于开拓期，应该和创业家结盟；如果事业在守成期，则应该和职业经理人结盟。如果是投资创业项目，则要观察创业者是否具备创业家精神。如果投资在创业的职业经理人身上，通常十有八九会以失败告终。相比创业家，职业经理人比较好找。所以，新富在平时就要主动去结识创业家，以备不时之需。

智囊：知识分子

> 常识并不是大家都知道的、常见的东西。
>
> ——法国哲学家　伏尔泰（Voltaire）

早期新富创业的年代，流行一句话："造原子弹的不如卖茶叶蛋的。"改革开放之初，勇敢下海的人，英雄不问出处，都赚了不少钱，于是在一个特殊时期，曾经流行过"读书无用论"。然而，这种思想在今时今日是绝对不可取的。随着社会趋于稳定，仅靠敢闯敢拼就能累积财富的机会越来越少了，新富越来越意识到知识的重要性。用广东话说，现在是个"食脑"（动脑子）的时代。

知识分子有两种：一种在高校，比如各个学科的教授；另一种在民间，被称作民间知识分子。在高校任教的，未必有真学问，因为他们是一套制度的产物。而在民间的，也未必没学问，因为他们可能只是不适应高校制度。有些新富本身就是儒商型的知识分子，但更多的则不是。

实际上，结识知识分子可以说是新富向"贵族"逐渐转型过程中绕不开的一个环节。富一代、富二代在学术背景上，通常选择实用学科的比较多，例如土木工程、计算机编程、企业管理等。但是贵族家的孩子，读大学通常会选择一些务虚的学科，例如哲学、文学、艺术、音乐等。

结识知识分子，是边际效益递增的事情。知识分子可以为新富家族带来什么？起码有 3 个好处：

第一，知识分子可以为家族提升修养。西方的富豪有个传统，就是特别喜欢捐钱给私立学校。一方面，捐助教育事业是善举，能提升家族社会形象；另一方面，捐款也是打开学校人际网络的敲门砖。未来的人才竞争，会越来越重视软实力，修养就是软实力重要的组成部分。

第二，知识分子可以为新富带来最前沿的知识。现代知识日新月异，商业机会也藏在知识里。诸如数字货币、生物科技、环保技术等，这些前沿知识，都蕴藏着下一个经济风口的机会。西方富豪常常有一个由各个领域知识分子组成的"智囊团"，参与他的事业决策。

第三，知识分子不是一天炼成的，相比自己学习知识，新富结识知识分子的效益最高。新富赚钱的时间，知识分子都花在做学问上了。比如新富想做从未涉足过的艺术品投资，这个行业没有几十年造诣很难精通，这时候，新富最便捷的方法就是和艺术家结盟，实际上就是购买艺术家的经验。

可喜的是，过去数年来，我们可以清晰地看到新富越来越重视结识知识分子。不少新富在完成财富原始积累后，会重新回到大学深造。在这个过程中，新富也体会到了知识分子带来的无形的价值。

在中国的战国时代有"养士"的传统，贵族家里都会供养一群知识分子，为自己出谋划策。西方的私立学校，其实也是一种变相的"养士"制度，只不过是许多富豪"集资"来供养知识分子。这些形式或许并不适合当下的中国，但新富还是可以在某种程度上进行**"知识分子投资"**。投资的具体方案可以是多种多样的，可以购买他们的作品，或者资助他们的研究等。总而言之，意识到知识分子的重要性，说明新富家庭开始做好向"贵族"发展的准备了。

健康：医生

在当今社会，无论多有钱的人，都找不到一个完美的医疗解决方案。人们对医生的医术、医德等方面的要求都很高。稍有常识的人都知道，医学是个封闭的学术系统。系统以外的人，几乎搞不懂医生的具体工作是什么。到了医院，我们只能把所有的信任和希望都交给医生。用中国著名肝胆外科专家吴孟超（1922～2021）的话说："医生治病，就好像把病人一个一个背过河。"

但正如前文所说，医生作为专业人士，也有与其他专业人士共同的特点，那就是，虽然分工细致，例如牙科医生搞不懂肿瘤科医生的专业，但牙科医生毕竟身在系统内，很容易找到靠谱的肿瘤科医生。所以，新富的人际圈中必须有一些好的医生。

问题又来了，什么算是好的医生呢？医术是一方面，但医术还算比较容易判断；医德则是一个比较虚的东西。根据《日内瓦宣言》，医德的定义是这样的："作为医学界的一员：我郑重地保证自己要奉献一切为人类服务。病人的健康应为我首要的顾念；我要尊重病人的自主权和尊严；我要保有对人类生命最高的敬畏；我将不容许有任何年龄、疾病、残疾、信仰、国族、性别、国籍、政见、种族、地位或性向的考虑介于我的职责和病人间；我要尊重所寄托给我的秘密，即使是在病人死后；我要凭我的良心和尊严从事医业；我要尽我的力量维护医业的荣誉和高尚的传统；我要给我的师长、同业与学生应有的崇敬及感戴；我要为病人的健康和医疗的进步分享我的医学知识；为了提供最高标准的医疗，我会注意自己的健康和能力培养；即使在威胁之下，我也不会运用我的医学知识去违反人权和民权。我郑重地、自主地并且以我的人格宣誓以上的约定。"（根据 2017 年修订版）能做到以上所有的，简直可以说是圣人了。

在中国香港，医生是一个收入很高的职业。香港人把 100 万港元称为"一球"，顶级医生是"月球族"，也就是月收入能达到上百万的群体。但与此同时，香港地区的医生通常承受着巨大的压力。首先，从入读医学院到正式执业，好医生往往要花 10 年以上时间学习。其次，无论是行业内部还是政府部门，对医生都有极为严格的监督。所以，香港地区的医生执业通常战战兢兢，生怕过失会造成自己失业。在某种程度上，这种被监督出来的专业精神，是用制度造就的，而非道德。

香港地区的医疗资源是开放的，唯一的"缺点"是贵。但是，新富如果配合以香港地区的保险，就能轻松享用香港地区的医疗。这在粤港澳大湾区，已经成为越来越多人的选择。

结识好的医生，新富除了可以获得好的治疗，其实还可以得到更多。我们都应该承认，**医疗行业是未来非常重要且有发展前途的行业。**既然如此，新富何不投资一些医疗事业呢？实际上，中国香港因为具备两大医疗优势，早就吸引不少新富前往投资。香港地区拥有较为宽松又监管严格的私立医疗机构开设门槛，近年有不少新开的医疗机构，背后都是内地新富的资金。

即便不太熟悉医疗健康行业，也可以委托专业投资机构来投资。

广义的医疗健康行业，甚至还可以包括养老领域。总而言之，本章希望传递的精神，就是在社会分工的年代，各领域的专业人士会越来越细分。而将各种专业人士的专业汇聚到一起，才是最能发挥其价值的做法。

案例七

有超前的意识，却踏错了一步，百岁老人的争产战争
——罗鹰石家族信托案

一位百岁老人，不能在家安坐，享受天伦之乐，却遭族人反目，还要走进法庭，究竟是为了什么？这位人瑞，就是香港地区年事最高的女富豪罗杜莉君（人称"罗老太"），现年已经 103 岁。她现在，正处于家族争产大案的风暴眼，不得安宁。而说起罗老太和先生罗鹰石创办的鹰君集团，则是大有来头。

早有税务规划意识，设立信托

从香港会展中心出来，往湾仔码头步行，便会经过位于滨海黄金地段的鹰君中心。鹰君中心的拥有者，就是鹰君集团。它的创办人罗鹰石，也是香港 20 世纪的风云人物之一。

罗鹰石出生于 1913 年，祖籍广东普宁。由于当地贫困，罗家祖父一代已经下南洋，到泰国讨生活。7 岁的时候，罗鹰石也跟随父亲来到泰国工作，从事杂货布匹买卖，赚了一笔小钱。1938 年，罗鹰石带着仅有的 3 万元身家性命来到香港。那时候，他连广东话都不太懂，只好在南北行做点小本生意。对罗英石来说，最珍惜的就是妻子罗杜莉君。妻子给罗家生了 6 子 3 女，全都是在罗家发迹前生的。

罗鹰石很勤奋，但是小本生意，每年拼死拼活赚的钱只够养家糊口。1956 年，大量人口涌入香港。罗鹰石心想，这么多人来到香港，肯定要找地方住，而且这些人都要找工作，很多工厂也会扩建。瞄准商机的他，下定决心投资做地产。仅第一年，就赚了 10 万港元。

　　尝到甜头的罗鹰石更加笃定，于是下定决心一门心思搞地产。公司需要一个响亮的名字，罗鹰石的名字中取一个"鹰"字，杜莉君名字中取一个"君"字，合成"鹰君"。如此琴瑟和谐的名字，也让鹰君集团在未来数十年中，取得了长足的发展。七八年后，鹰君成为香港一线地产商。鹰君名下，还拥有一批豪华品牌酒店，如耳熟能详的"朗庭""朗豪""逸东"等。

　　不少人觉得赚钱很难，但其实机会来了，只要抓住，发家致富是很快的。真正值得思考的问题是，如果上天真的眷顾，自己是否对得起这个恩赐。在这点上，罗氏夫妇做得很好。罗鹰石一辈子都很节俭，几乎从不穿名牌，饮食也很简单。成了亿万富翁，他出入也没有保镖。至于平时爱好，他喜欢登山、读书、书法，可以说是十分清心寡欲。而妻子即便成了阔太太，也仍然勤俭持家。当时香港还没有超载的相关法律，据说罗杜莉君都是亲自开车载9名子女上下学。

　　罗家非常重视子女教育，所以9名子女也全是人中龙凤。他们毕业于欧美名校，多数从商，也有从医的，在各自的领域都颇有建树。如果这个故事讲到此处，就是一个大团圆结局。实际上，在2016年之前，罗鹰石家族在外界看来确实很美满。富有、高寿、膝下承欢，几乎所有美好的形容词都可以用在这家人身上。但是，故事怎么会峰回路转，急转直下了呢？事情，缘于他们的家族信托。

　　由于案件仍在进行中，外人对个中内容知之有限，我们只能根据公开媒体报道来了解情况。而仅就媒体公开的信息，我们就已经能从中吸取到许多财富规划、法律风险方面的经验。

祸源：受托人突然"不听话"

在老一辈富商中，罗鹰石算是非常有税务规划头脑的。早在 1984 年，他就设立了家族信托，受托人是汇丰。按照约定，罗氏夫妇指定为信托的监督人。1998 年，同样出于税务规划的原因，罗氏夫妇将自己从受益人中除名，并改由 3 名子女担任信托监察人。有分析指，这样操作可能是为了避免被征收当时还存在的遗产税。2006 年，罗鹰石去世。2009 年，罗老太重获信托受益人身份，但未再成为信托监护人。而他们早年与汇丰订立的，是一份"全权信托"——问题就出在这里。

全权信托，也翻译作"自由裁量信托"。它指的是，信托委托人本身并不确定受益人享受的信托利益，而授权受托人根据实际情况酌情加以分配。在分配决定做出之前，受益人是否能获得信托利益，以及可以获得多少信托利益，都处于不确定状态。换句话说，也就是罗鹰石家族信托的受益人能拿到什么信托利益，最终是由汇丰说了算的。

我们无从得知当初罗氏夫妇为什么会和汇丰订立这样一份信托。但从近年罗老太在法庭上说的话来看，她似乎并不清楚当年订立的是一份怎样的文件。例如，她说以为信托就像一个保险箱，把钱存在里面，自己想什么时候拿就什么时候拿。这种理解也没有错，信托确实有着类似"保险箱"一样隔离资产的作用。但全权信托，相当于是把保险箱的钥匙也交给了别人。

罗老太百岁高龄，最牵挂的就是丈夫一手创办的鹰君集团，可以说看得比自己的命还重要。鹰君集团在半个多世纪中，浮浮沉沉，20 世纪 80 年代，香港房地产价格大跌，导致集团一度陷入困境。有传族人曾萌生卖掉集团的念头，被罗老太力阻。罗老太的理由很简单，这是家族基业，不可轻易放弃。没过几年，香港楼市回暖，鹰君渡过一劫。接下来 20 年，鹰君参与了不少成功投资，例如中环花园道 3 号、旺角朗豪坊等。但是近年营商环境又不太好，所以 2016 年罗老太提出，希望汇丰用信托资金增持鹰君股份，却遭到汇丰拒绝。

这一事件，就是引发鹰君信托案的导火索，罗老太怒斥汇丰"不听话"，决意要状告汇丰，要求撤换受托人，这揭开了"鹰君家族九子争产案"的帷幕。

随着官司展开，战火很快烧到家族内部。族人纷纷表态，有的站在母亲一边，有的则站在对立面。作为一手带大子女的母亲，罗老太当然希望全家人能一条心，她很不解为什么有子女"胳膊肘往外拐"。渐渐地，罗老太发现，汇丰同时为三儿子罗嘉瑞旗下信托担任受托人，管理资产。所以，罗老太认为汇丰在角色上存在实际利益冲突。经过媒体挖掘，发现罗老太对三儿子的积怨非一日之寒。罗老太曾亲口对媒体说过："家族矛盾起源于三子罗嘉瑞在家庭会议上提出让儿子罗俊谦加入董事会，但这一提议被其他兄弟姊妹以经验不足为由反对。"

打完官司，输了亲情

2017 年 5 月 15 日，《明报》报道了一封据说是罗老太给罗嘉瑞的信件，信中写道："嘉瑞：我从报章得悉你向传媒声称我入禀法庭告汇丰信托是受人影响，我自己连入禀法庭告汇丰信托都不清楚。你又声称我给人带走，未知去向。虽然我年事已高，但我的头脑仍然十分清醒。你作为我的儿子应该清楚，你在不同的事上经常向我请示，寻求我的意见、同意。你亦应该知道我告汇丰信托的因由。我自上年开始一直要求你支持我，不要违背我与你父亲的共同意愿，只是你一直未有遵从。我不明白你为何会对传媒声称你对我入禀法庭告汇丰信托感到突然。"如果信件是真，一名百岁母亲，给一位年逾70岁的儿子写这样的信，不知是何心情，简直令人唏嘘不已。

狗血的剧情连番上演。《经济日报》报道，连服侍罗老太超过10年的菲佣，于2018年1月突然辞职，还成为汇丰一方的证人。罗老太控诉菲佣，说她"偷录家族对话"。而汇丰的证词也令人疑窦丛生。根据信托的惯例，受托人每年会收取1%以上的管理费，以鹰君信托上百亿信托资产计算，每年管理费起码上亿。但实际上，汇丰只收取"优惠价"每年50万港元。从逻辑分析，按照这个价码，汇丰若放弃受托人资格，每年至多损失50万港元。但一场官司打下来，动辄要上千万诉讼费，为什么要这么执着呢？

其实，为了制衡受托人的权利，通常会设立信托监察人的角色。如果受益人觉得受托人没有恰当行使权利，可以要求监察人出面，下一步才是要求法庭判决。但是，目前罗老太已经不是信托监察人。而她想以一名受益人的身份挑战信托，简直是难如登天。知道自己势单力薄的罗老太，曾经在媒体面前怒骂汇丰："天收佢（他）！"

在所有人都观望这件事能否庭外和解的时候，2018年5月，案件正式开庭，时年100岁的罗老太亲自出庭。果不其然，2019年5月，法官裁定，罗老太指控的汇丰多次不按其指示增持鹰君股份，在法律上并不能成立。不过罗老太不服，仅过了1个月就再度上诉。2020年4月，高等法院再次驳回其上诉。三儿子罗嘉瑞对传媒表示，尊重法庭裁决，希望事件告一段落，母亲能尽快回家团聚，一家人和谐融洽。然而，罗老太看起来并没有决定收手。她虽然没有再度上诉，但是不断斥资购买鹰君集团的股份。可能她就算是拼了命，也要用自己的方法，把丈夫的基业守住。

　　回看整个案件，法院的判决应该说是没有问题的。信托作为财富传承工具，一旦设立，不容轻易挑战。尤其是香港地区奉行普通法，开了一个判例，之后类似案件就可以引用判例。这样一来，信托体系就有崩溃的危险。所以，罗鹰石家族信托案是一个既成事实，在现有法律框架下无法改变。

　　罗鹰石是典型的新富，用罗老太的话说，很"纯良"。或许他们夫妇没完全理解全权信托的机制，就签了名。但这个名字签下去，就要负法律责任。罗鹰石家族信托案给我们的启示是，在做一个家族财富传承方案的过程中，必须要充分咨询各方专业人士的意见，也要有独立思考和做决定的能力。在现实中，不见得牌子最大的金融机构给出的方案就一定是最好的。

8

为家族做
对的事

家族风险评估

你是否知道在你的生命中，有什么使命是一定要达成的？

——美国企业家　乔布斯（Steve Jobs）

人唯拥有使命感，才懂得珍惜。 没有使命感的人，会挥霍，如果生在一个富裕家庭，就容易变成"败家子"。最著名的例子，就是被称为"世界三大败家子"之首的若热·贵诺（Jorginho Guinle，1916～2004）。

19世纪末，若热的父亲爱德华多从法国移民到巴西，开始打拼。爱德华多用一生白手起家，累积巨额财富，离开人世时，家产已有20亿美元，拥有巴西最大的港口。父亲去世后，若热作为唯一继承人，继承了家族财富。然而，若热没有遗传父亲的拼搏精神，反而是一名花花公子。

终其一生，若热都声色犬马。他和玛莉莲·梦露出双入对，和希腊船王称兄道弟，和美国总统谈笑风生。他代表全世界的"败家子"说出心声："幸福生活的秘诀是在死的时候身上不留一分钱。"但是，晚年的他懊悔补充道："但我计算错误，过早就把钱花光了。"最终，他不得不靠领救济金度日，在贫病交加中离世。讽刺的是，他去世时所处的里约热内卢科帕卡巴那皇宫饭店，本来是他的家族资产，但早就被他变卖给了别人。如果若热有家族使命感，一定不会把人生过成这样。有使命感的人不同，他们知道自己的生命要完成一件最重要的事，与生俱来的资源要好好运用，以帮助自己达成使命。

家族使命感就好像是膝跳反射一样，平时不会感知到，但一触碰就会"弹"起来。

诚然，不是所有人都认同家族观念，也不是所有人都适合传承家族使命。电影《教父》中，艾尔·帕西诺（Al Pacino）饰演的迈克，起初对家族事业毫无兴趣。但随着一系列事件的发生，他自然而然接过了柯里昂家族大族长的棒子。迈克的命运，注定是和家族绑在一起的。剧情真是应了马克思在《德意志意识形态》中说过的话："作为确定的人，现实的人，你就有规定，就有使命，就有任务，至于你是否意识到这一点，那是无所谓的。这个任务是由于你的需要及其与现存世界的联系而产生的。"

新富作为族长，要做对的事，而不仅是让自己舒服的事。什么是让自己舒服的事？比如，懒于思考自己的身后事，用一句"儿孙自有儿孙福"轻松带过。这样做显得很轻松，但也很不负责任。在很多家族纠纷中，我们常常会发现，由于家族没有树立使命感，家族成员没有共同的目标，而这个目标，不能是族长个人的主观意愿。在这个强调独立精神的时代，家长式的使命感是行不通的。身教永远好过言传，族长应该综合考量家族的情况，所以，一份"家族风险评估表"会很有用。

家族风险评估表									
项目	家族寿命	家族病史	家族学历	家族人脉	家族离婚率	家族生育率	家族性别比例	家族心理及自杀率	家族行业	家族瘾史
描述									

在家族事务上，不存在黑白分明的标准。模棱两可的使命感，也

没办法让家族成员知道自己在家族历史长河中的坐标在哪里。清晰的定位，有助于家族成员规划人生，也可以让家族成员知道，变成纨绔子弟的代价是什么。所以，家族风险评估的工作尤为重要。当然，每个家族都可以根据自己的实际情况，对表中的项目进行增删，以符合家族的实际情况。

积善之家

金钱比起一分纯洁的良心来，又算什么呢？

——英国作家　哈代（Thomas Hardy）

中国古代经典《易传》中有句著名的话："积善之家，必有余庆；积不善之家，必有余殃。"意思是说：只要积德行善，就会有额外的好事降临；反之，则会有额外的坏事发生。

这句话是迷信吗？不是。五代钱镠开创的钱家，北宋范仲淹开创的范家，清代曾国藩开创的曾家，都印证了"积善之家"的道理。但人们可能会问：这句话为什么有道理呢？

曾经创作"简史三部曲"的以色列作家尤瓦尔·赫拉利（Yuval Noah Harari）认为，人类是"故事"的生物。**作为共同体，人类因为相信同样的故事而产生统一的价值观**。从这个角度来理解，一句话无论出自何处，只要有足够多的人信奉，便会成为价值观。价值观形成一股力量，就能规范人的行为。所以，既然多数中国人都认同这一点，那么顺之者自然有余庆，逆之者自然有余殃。

另一个问题是：要如何理解"善"这个字？《说文解字》说："善，吉也。"善的本意，是吉祥。善字从言，从羊。因此可以说，仗义疏财、救死扶伤等行为当然是善，但平时讲礼貌，多说些鼓励人的话，也是善。从这个层面来说，善甚至不一定是对他人的，也可以是对自己的要求。比如，勤奋、俭朴、真诚、精进等，都可以纳入善的范畴。所以，"积善"应该是每天的日课。

在没有金融和法律工具的年代，一个家族要积善，主要依靠道德教化，儒家学说是很好用的教化工具。儒家经典中，留存了大量教人做君子的道理，乃至"三省吾身"之类的方法。儒家重视人伦，强调积善就是积德。德看不见怎么办？没关系，可以积阴德，庇荫后代。中国人数千年来，都在这套价值体系里生活。所以在传统社会，谁要是取得了成就，街坊四邻总会夸赞"祖上积德"。

这套价值观，即便到了现代社会，仍然有其存在的合理性。当然，生活在现代社会的新富，有很多彰显积善的工具可以使用。现代社会纷繁复杂，人类作为命运共同体，也有大量需要共同面对的问题，例如贫困、教育、气候暖化等。在"贵族"圈层，慈善是实现富裕后必须要做的事业。新富也可以渐渐养成做慈善的习惯，选择自己关心的慈善事业，成立基金会。

慈善基金会既是传富于子孙，又不是传富于子孙。一个有效运作的慈善基金会，不会让子孙后代大富大贵，但是可以保证他们不至于贫穷。子孙完成学业后，可以先到自己家的慈善基金会工作三五年。有志于慈善，可以一直工作下去；无志于慈善，就出去干自己的事业，人们听说他在慈善基金会里工作过，也会刮目相看。这就是所谓的"积善之家，必有余庆"。

北宋名臣司马光在《资治通鉴》中说："贤而多财，则损其志；愚而多财，则益其过。"这句话意思是说：对贤能的人来说，过多的钱可能会损耗他的志气；对愚钝的人来说，过多的钱可能会助长他的过失。家族财富，犹如骑马，左右缰绳都要握在手里。太左了要拉右绳，太右了要拉左绳，始终在一条中庸的道路上前行，保持平衡，就是最大的"善"。

知行合一

任何理论都不如现实具体。

——中国文学家　沈从文

知行合一，是明代大儒王阳明提出的理论。别看只是简单四个字，却极难做到。好比说有的新富，上了 MBA，学得满脑子先进的财富概念，也知道应该要进行财富的全球配置。但是翻开他真实的资产配置一看，可能看到的全都是在国内购置的房产——这就是没有做到知行合一的表现。

有人可能会问：知行合一有那么重要吗？现在有句流行语：听过很多道理，仍然过不好这一生。为什么呢？因为没有做到知行合一——缺乏实践的道理，最没道理了。

而王阳明自己是这样解释知行合一的。他在讲义《传习录》中说："知是行之始，行是知之成。若会得时，只说一个知，已自有行在。只说一个行，已自有知在……古人所以既说一个知，又说一个行者，只为世间有一种人，懵懵懂懂的任意去做，全不解思惟省察，也只是个冥行妄作，所以必说个知，方才行得是。又有一种人，茫茫荡荡悬空去思索，全不肯着实躬行，也只是个揣摸影响。所以必说一个行，方才知得真。此是古人不得已补偏救弊的说话，若见得这个意时，即一言而足，今人却就将知行分作两件去做，以为必先知了然后能行，我如今且去讲习讨论做知的工夫，待知得真了方去做行的工夫，故遂终身不行，亦遂终身不知。"王阳明的意思是，他强调要知，但更要行，知中有行，行中有知，二者互为表里。知必然要表现为行，不行则不能算真知。

所以本书读到这里，希望读者已经开始实践书中提到的一些知识。比如，着手运用财富工具规划家族财富传承。起码，已经开始打听、结交一些专业人士，向他们请教、探讨一些专业知识。

在钱的第四维，尤其需要知行合一的精神，因为想要让财富穿透时间的阻力，必须有相当的认知。举例来说，前文介绍过"定投"（参考第三章"稳重方案：定投"）。定投尤其需要耐心，市场变化也极其挑战投资者的心态。如果在市场下跌时停止投入，或者在市场刚刚反弹时过早离场，都会造成不必要的损失。

知行合一，还体现在对自身财富维度的认知和实践上。对新富来说，肯定已经处于钱的第三维（金钱力），要做的工作应该是升级到钱的第四维（时间力），绝对不能再浪费时间在钱的第一维（体力）和第二维（脑力）上。假如还在做低维的事情，就不算是知行合一。当然相应的，处于低维的群体，也不要妄想用投资理财致富，老老实实赚到第一桶金方是上策。

不过，王阳明的知行合一理论虽然启发了无数后人，但是他自己家族的财富传承却不尽如人意。在皇权时代，王阳明留下的财富中，最有价值的是他获封并可以世袭的新建伯（后追封为新建侯）爵位。王阳明的子孙为争夺这个爵位兄弟阋墙，打得不可开交，直到明朝灭亡为止。

和王阳明比起来，当代新富是幸福的。**权力与财富的逐渐分离，全球一体化的可能性，法治社会的健全，金融工具的丰富等，都让新富可以在相对简单的游戏规则中，为子孙后代做好规划。**

摆脱消费主义

消费的主体，是符号的秩序。

——法国社会学家　让·鲍德里亚（Jean Baudrillard）

我们生活在一个被消费主义绑架的时代。什么是消费主义？它为什么会绑架我们？这就要从鲍德里亚对消费主义的研究，来反思我们的日常消费行为了。

首先，我们必须承认，**凡是有人的地方，就有阶层分化**。在传统社会，阶层的分化是用一些明确且不可改变的事实作为依据的，比如血缘和地缘。生在帝王家和生在布衣家，已经划分了阶层，一辈子无法改变。周代时，如果生在宋国，就会被贴上"商朝后裔"的标签，没办法改变。

其次，阶层的背后，不仅仅是一种身份象征，还包括许多特权。古代平民自称"一介布衣"，因为平民只能穿布做的衣服，要是胆敢穿绫罗绸缎，是违法的。阶层与特权是互为因果的概念，特权加强了人们想要阶层跃迁的欲望。在隋唐以后，科举成了平民子弟实现阶层跃迁的路径。

到了现代，西方率先革了封建的命。以法国大革命为代表的一系列运动，把血缘、地缘这些标准全都打破了。但是，人类阶层分化的需求没有改变。那么，要以什么新的标准来划分阶层呢？随着工业革命的推进，人们很快找到新的阶层划分工具。人们发现，可以用消费来重新划分阶层。

在这个过程中，鲍德里亚发现，人们消费的物品被符号化了。他研究了人与物的关系，发现在以消费作为划分阶层的工具的时代，物品的意义被掏空了。物品不再具备使用价值，而成为划分阶层的符号。同时，大众传媒的兴起又加速了消费主义的发展。广告、包装、展示、时尚等，都会进一步刺激人们的消费欲。消费得起什么样的东西，代表你是什么阶层。

消费主义受新教伦理的影响，也有鲍德里亚等诸位哲学家的诠释，但毋庸置疑的是，这股潮流自西东渐，也深刻影响了当代中国。如今，消费主义已经渗透到住房、出行、饮食、护理、健身等几乎所有领域。新富在有钱之后，也难免要标榜消费符合自己"身份"的东西，这就是阶层。

相比血缘和地缘，消费主义有其进步性。阶层不再像过去那样，是难以打破的约束。每个人都可以通过自己的努力，用消费来标示自己的阶层。然而，消费主义也有局限，它会反过来绑架新富。它的绑架，主要体现在占领阶层象征性的品牌会收取远高于商品实际价值的费用上。新富不妨扪心自问：日常花销中有多少是明明可以不用为品牌付钱，也能买到低价而实用商品的？这些额外支付的钱，是浪费的。新富要进入钱的第四维，就要学习摆脱消费主义的绑架。

在这一点上，犹太人的财富观十分值得学习。在以色列，我们很少看到带有品牌商标的商品。在犹太人看来，花钱买东西，还要带着品牌商标满街走，免费给品牌打广告，不啻吃亏。而犹太人一生中最大的消费，通常是放在家里的约柜，不对外展示，却视若珍宝。这背后有宗教的影响，中国新富不必照搬，值得学习的，是犹太人财富观中对精神世界的追求。

新家族主义

在乡下，家庭可以很小，而一到有钱的地主和官僚阶层，可以大
到像个小国。

——中国社会学家　费孝通

在以往的论述中，家族通常为人诟病。那是因为，人们只看到家族作为一种社会形态对人性约束的一面，而忽视了它的积极作用。家族不应该被摒弃，而应该升级为"新家族主义"。

首先，中国人有 4 个根深蒂固的传统观念——

第一，宗族为本。中国人享用共同姓氏，见到同姓的人就说"五百年前是一家"，以共同的祖先为社会活动的中心，视家族整体利益高于个人利益。第二，多子多福。中国人崇尚多代同堂，往往视传宗接代为重要的责任，家庭内推崇孝道。"孝"具有维系晚辈对长辈，以至族人与先祖之间的关系的功能。第三，重视权威。中国人的传统社会的权力关系过去以"长尊幼卑、男尊女卑"为原则，权威具备支配家庭财产、仲裁家庭纠纷等权力。第四，差序格局。中国人的家庭观念不止于有血缘关系的人，还包括由个人展开而按"差序格局"推展至社会甚至政治的层面。

其次，传统家族有以下 6 个功能——

第一，经济功能。家族规模越大，人力资源越多，代表经济力量越雄厚。以家族为单位，族人会互相接济衣、食、住、行所需。第二，

延续发展。家族发挥繁衍功能，家族成员通过生儿育女延续族群命脉，视传宗接代为结婚的主要目的，并以延续家庭命脉为个人的重大责任。第三，教化媒介。家族是重要的教育场所，父母及长辈会将生活技能、社会规范及价值观等传授给下一代。第四，情感支援。家族是族人共聚天伦的主要场所，成员能从家族中获得归属感、安全感、关爱、接纳及支持。第五，稳定社会。传统家族有族规，规范族人的行为，并有长辈负责调解族内纠纷及协调族人，有利于维持社会稳定。第六，取代宗教。中国的传统宗教形式不多，在家族中崇拜祖先的礼仪，可视为一种取代宗教的功能。通过祭祀去怀念祖先，有维系团结、慎终追远及传承的意义。

再次，家族观念在现代社会遇到以下4种挑战——

第一，家族规模变小。现代人的婚姻观念改变，受个人主义影响，选择独身、晚婚或丁克的数目不断上升。第二，经济功能不再。传统家族中成员需共同劳动获得收入，再由家族进行分配，而现代社会中，族人经济相对独立，有能力自组核心家庭。第三，养老观念转变。现代社会的养老保障日趋完善，父母倾向依靠个人储蓄或社会保障制度来养老，"养儿防老"观念淡化，不再成为决定是否生育的重要因素。第四，打破性别定式。随着女性教育水平提高，其社会地位亦不断提升，减少了对丈夫的依赖，夫妻关系日趋平等，"男主外，女主内"的性别角色定型日渐被打破。

传统不应盲目舍弃，现实也应合理正视。所以在这样的变化下，我们需要一种新家族主义。**在新家族中，族人之间应该保持一种相对独立，但有共同使命感的关系，同时尊重女性，性别平等。**家族和社会一样，都是想象的共同体。建立家族核心价值，是新家族主义的重中之重。

家学与家风

家俭则兴，人勤则健；能勤能俭，永不贫贱。

——晚清名臣　曾国藩

家学与家风，对一个家族来说非常重要。家学，指的是家族世代相传之学的意思。家风，指的是家族世代相传的风尚、生活作风。由此可见，家学是硬实力，家风是软实力。

先看家学。在传统社会，万般皆下品，唯有读书高，所以家学基本上特指做学问，考科举。到了现代社会，赛先生（Science，即科学）进了中国，像农学、地质学、军事学、机械工程学等，也都拥有了和经史子集平等的地位。即便在文科领域，法学、社会学、经济学、政治学等传统社会没有的学科，也给家学提供了更多可能性。但是有一点是不变的，要形成家学，需要几代人的共同努力。

在遥远的英国，我们都知道哲学家罗素、政治家丘吉尔这些著名人物。但是人们忽略的是，这两位身上都有爵位，属于出生就不需要为生计发愁的家族。所以，他们才能专心去研究自己擅长的事情。另一位英国人，被称为"人工智能之父"的图灵（Alan Turing），他的传记开篇就强调，他出生在一个世代中产的家族。再看中国，钱学森、钱伟长、钱三强、钱穆、钱基博、钱锺书，都来自江南钱氏大家族。**这些在历史上取得重要成就的大人物，几乎都受到家学的深远影响。**

所以，新富在给家族做规划的时候，也应该根据家族特性，有针对性地树立家学。

再看家风。近年来，家风越来越为国人重视。人们发现，在良好家风中熏陶出来的人，有种与众不同的气质。家风往往以家训的方式体现，最为人推崇的是《颜氏家训》。《颜氏家训》是南北朝时期的颜之推为他的家族制定的家风。他确立了三点要义：第一，树立读书为做人核心；第二，选择正确的人格偶像；第三，确立家教的各项准则。颜之推还告诉后人要重视人伦，强调家族成员之间是一种相对关系，所谓"父不慈则子不孝，兄不友则弟不恭，夫不义则妇不顺"。正因为树立了家风，颜氏族人中出了许多名人，包括书法楷模颜真卿、以身殉国的颜杲卿等。

来到近代，出现了"新家风"，以梁启超家族为代表。梁启超本身是一位博古通今的学者，他很重视树立家风，而他的治家理念，也体现了现代精神。比如，他的孩子，无论儿子还是女儿，名字中都有"思"字。这个做法是反传统的，因为一般女儿不排辈分。梁启超强调要为社会做贡献，常常告诉孩子们："总要在社会上常常尽力。"所以，他的 9 个孩子个个都有建树：长女梁思顺是诗词研究专家；长子梁思成是杰出的建筑学家；次子梁思永是近代考古学的开拓者之一；三子梁思忠是毕业于美国西点军校的军官，参加过淞沪会战；次女梁思庄是图书馆学领域首屈一指的专家；四子梁思达是经济学家；三女梁思懿是社会活动家，长期从事对外友好联络工作；四女梁思宁投身新四军，从事宣传工作；五子梁思礼是著名的火箭控制专家。梁启超家族，是"新家族"最好的表率。

总而言之，从家族中寻找家学与家风，或者重新树立家学与家风，是新富阶层值得做的事。

沟通的艺术

> 每一个人都需要有人和他开诚布公地谈心。一个人尽管可以十分
> 英勇，但他也可能十分孤独。
>
> ——美国作家　海明威（Ernest Hemingway）

虽然我们经常听说富豪家族争产的官司，但实际上，会闹到新闻上的事件毕竟是少数。只不过传媒的聚焦效应，让我们产生富豪家族总有争端的认知偏差，而忽略了多数家族或许是相安无事的。任何家族纠纷，通过内部沟通来解决，永远是最有效率且符合成本效益的。家族关系受损，财富必然受损。无论是何鸿燊家族争产案，还是罗鹰石家族争产案，都造成数以亿计的损失。

良好的沟通，是需要从小训练的。常见的情况是，家长在孩子幼年时不和孩子好好说话，孩子长大以后也不会和家长好好说话。家长常常容易使用三种错误的说话方式。第一种是"威权式"，不许反驳，不容讨论。这样做的后果，往往是孩子没有主见。第二种是"卸责式"，发生了事情，总在外部找原因。这样做的后果，往往是孩子没有担当。第三种是"事后诸葛亮式"，无论发生什么事，总喜欢说"我早就知道"。这样做的后果，往往是孩子养成了抱怨而不解决问题的恶习。如果家族中存在这三大问题，注定是不可能有良好沟通的。当然，看过以上三个错误方向，我们也就知道所谓良好的沟通必须包括三大要素，即良好的沟通是有主见、有担当、解决问题而不抱怨的。

　　良好沟通是需要自信的，而且需要经过专业训练。西方教育非常重视演说。西方社会精英，不论是政要、企业家，还是各领域的专业人士，通常都能发表漂亮的演说。专业的演说训练，能养成自信。另外，良好的沟通还需要充分的同理心。据说文学家林语堂会带自己的孩子去风化场所和风尘女子聊天，让孩子知道这些女孩子的不幸遭遇，因而不会轻易刻薄地去评论她们。一个人如果能对外人都好好说话，就没理由不对自己家族的人好好说话。

　　在未来，男女平等的趋势会愈发明显。互联网的发展，将更加释放女性的潜力。**歧视女性，或者对女性抱持偏见，最终受损失的将是男性自身。**让女性参与到家族事务中来，才是最明智的。现在，不少人在社会上追求女性的社会地位，却忽视了经济独立是一切的基础。所以，一位开明的族长，在家族信托中必须保证家族中女性的经济地位。某种程度上，这是保证女性在家族中的话语权。

　　有效的家族沟通，还有一项非常重要的工作必须完成，那就是定期召开**家族会议**。家族会议的周期可以根据实际情况而定，但应该做到至少一年一次。家族会议的作用，如同每年召集族人聚在一起"对表"，以防各自的生活节奏紊乱。如果是小家族，所有族人——包括未成年者——都应该邀请加入，参与讨论，并且拥有平等投票的权利。从小学习开会，发表意见，按照流程办事，参与家族事务的决策，有助于培养族人的家族使命感，让族人心平气和地解决家族纠纷。

　　新富在社会上往往是沟通高手，只要平等看待家族成员，相信是不难做到良好沟通的。

认识人脉

幸运时朋友了解我们，逆境中我们了解朋友。

——美国管理学家　吉姆·柯林斯（Jim Collins）

新富都知道，人脉很重要，无论古今中外，人脉都是成功人士的制胜秘诀之一。人脉有很多种，包括政府人脉、金融人脉、行业人脉、技术人脉、知识人脉、媒体人脉、客户人脉等。在家族中成长的人，从小就会认识很多人，自以为很有人脉。新富要令族人意识到，重要的不是多少人认识你，而是多少人认可你，正所谓打铁还须自身硬。所以，要对人脉树立以下9点认知：

第一，换位思考。想钓到鱼，就要像鱼那样思考，知道鱼需要什么。只是一味想从别人身上索取，是无法建立人脉的。**重要的不是能从别人那里获得什么，而是能为别人提供什么价值。**

第二，保持低调。没有人喜欢自以为是的人，所以永远不要显得比别人聪明。实际上，显得比别人聪明是很愚蠢的。真正聪明的人，总能发现别人身上的长处，从别人身上取长，补自己的短。

第三，甘做配角。君子求缺，即便自己的功劳最大，也不居功自傲，反而要强调别人的功劳。就好像大拇指，作用最大，但位置最低。与人相处时，让对方做主角，自己甘愿做配角。

第四，虚怀若谷。山谷从不争锋，用胸怀容纳一切。中国崇尚谦德，用汉代经学家韩婴的说法：恭（恭敬）、俭（节俭）、卑（谦卑）、畏（敬畏）、愚（愚钝）、浅（浅显），这六项都是谦德。

第五，莫争口舌。生活中有些"杠精"，凡事好与人争论，以显示自己高人一筹。这样做只会赢了辩论，输了朋友。让的本意，则是"以言襄之"，用话语帮助他人，所以要多说鼓励别人的话。

第六，韬光养晦。新富应该用人生经验告诫族人，人生总是在起起伏伏中度过的，所以无论任何时候都不能锋芒外露。当然，做到这一点的前提是新富以身作则，自己本身就不是个盛气凌人的人。

第七，保持距离。人脉是把双刃剑，用得不好会伤及自己。历史上无数先例，都是城门失火，殃及池鱼。所以新富要教好族人"择友的智慧"，最好是遵循刺猬的哲学，永远与人脉保持适当距离。

第八，广结良缘。宁识一友，莫树一敌，朋友多了路好走。尤其在发生利益冲突时，很容易树敌，怎样化敌为友，是门学问。用美国前总统林肯的说法：消灭敌人最好的办法是把他变成朋友。

第九，拒绝虚伪。谦虚和虚伪之间，只隔着一张纸。没有人喜欢和虚伪的人交朋友，所以新富必须教会族人成为真正君子的方法。君子要真诚，如孔子说：君子周而不比，小人比而不周。

以上，就是对人脉的9点认知。总的来说，家族不能片面强调认识的人越多越好。首先要自我提升。如果自己连"1"也不是，那么认识的人越多，只相当于给自己增加了无数个"0"，没有意义。人脉并不是厮混的狐朋狗友，狐朋狗友多了，甚至有引狼入室的风险。真正的人脉，是两个"1"的组合，并且实现"1+1 > 2"的效果。你的人脉，也是你行走社会的一张名片。**获得什么人的认可，代表你是什么人。**特别是对于新富来说，时间最宝贵，应该尽量避免"无效社交"。

马太效应与老子效应

施行大善时，看起来不讲情面，可以说："大善似无情。"

——日本经营之神 稻盛和夫

1968 年，美国社会学家罗伯特·莫顿（Robert Merton）提出了一个术语——马太效应（Matthew Effect），用以概括一种社会心理现象，那就是："相对于那些不知名的研究者，声名显赫的科学家通常得到更多的声望，即使他们的成就是相似的。同样，在同一个项目上，声誉通常给予那些已经出名的研究者，例如，一个奖项几乎总是授予最资深的研究者，即使所有工作都是一个研究生完成的。"马太效应提出后，很快被应用到经济学领域，用来解释贫富悬殊的成因。

马太效应出自《新约全书》的《马太福音》。原话是：**"凡有的，还要加给他，叫他有余；凡没有的，连他所有的也要夺去。"** 在现实生活中，我们常常看到类似的现象发生。比如，已经赚到第一桶金——即进入钱的第三维、第四维的人，赚钱越来越容易，越来越多。而在钱的第一维、第二维中苦苦挣扎的人，却很难摆脱困境——财商教育家罗伯特·清崎将这种困境称为"老鼠洞"。

本章之所以强调新富要以家族为单位思考问题，并且要为家族做对的事，是因为想指出，贫富过度悬殊不仅对穷人不利，而且会反噬富人，甚至会造成社会动荡。试着想想看，如果社会上的穷人过多，大多数人都丧失消费能力的话，富人的投资也会遭遇损失。尤其是在重视传统文化的中国，人们唾弃为富不仁。因此，新富更应该从中国传统中汲取精神养分。

在经典《道德经》中，老子同样承认了和马太效应类似的情况。他说："**天之道，损有余而补不足。人之道，则不然，损不足以奉有余。孰能有余以奉天下，唯有道者。**"老子的意思是说，"人道"就是马太效应，少的越少，多的越多。但在"人道"之外还存在"天道"，"天道"正好相反，少的就补足，多的就拿走，保持平衡。在大自然中，好像确实是这样的。一场森林大火后，被烧光的地方会长出新的树来，"老天爷"不会看着废墟荒芜下去。老子说，谁才能逆马太效应呢，只有那些掌握了"天道"的人。老子的这一观点，可以被称为"老子效应"。

马太效应的成因，历来已经有大量研究。综合而言，主要是穷人拥有的资源有限，而他们为了应付生活，很难集中资源干成一件有突破意味的事情，以改变命运。比如他们要养活家人，没办法接受高等教育。而只要他们上了大学，人生从此就不同了。如此看来，富人需要给予穷人的帮助其实并不很多，只要在关键时刻扶穷人一把，就能改变他们的命运。对富人来说，这点付出或许只是举手之劳，但对穷人来说则是改变一生命运的大事——就这一点，新富何乐而不为呢？

其实，无论是梁启超的家风强调子女"总要在社会上常常尽力"，还是有的人创办慈善基金会助人为乐，都是"老子效应"的具体表现，他们都掌握了"天道"。相信在不久的将来，意识到、接受并实践"老子效应"的新富会越来越多。因为只有回馈社会的家族，才能基业长青，万古流芳。

案例八

包青天后代成"世界船王"，爱国爱乡谱写一代传奇
——包玉刚家族

北宋有名的大臣包拯，为后世留下简单的几句家训，云："后世子孙仕宦，有犯赃滥者，不得放归本家；亡殁之后，不得葬于大茔之中。不从吾志，非吾子孙。"短短 37 个字，表达了包拯对后世子孙的要求：清廉刚正，勤俭持家。包拯的第 29 世孙，正是这样一位终生以此自勉的大人物。他，就是被誉为"世界船王"的宁波籍香港海运商、地产商、金融家、慈善家包玉刚。

从嘲笑到折服

1918 年 11 月 16 日，包玉刚出生在浙江宁波镇海，父亲包兆龙在汉口经营鞋帽工厂。包玉刚从小就对经商产生兴趣，13 岁时主动要求到汉口跟父亲学做生意。不久他发现，做生意必须要搞懂金融，于是就从金融业中门槛较低的保险开始做起，靠自己的努力加入了上海中央信托局，27 岁那年，就任上海市银行营业部经理和副总经理。原本，包玉刚想在金融行业一直干下去，但是随着国民党在国内日薄西山，政局不稳，1948 年，包家决定去香港暂避风头。未曾想，他的余生就这样留在了香港。

包玉刚起初仍想在香港的银行业谋生。但香港当时是英国的殖民地，银行被洋人把持，少数华资银行也都由广东人控制，包玉刚作为宁波人，无处插足。而在那个特殊的时代，自然有特殊的经商手段。1951 年，朝鲜战争爆发，中国因为支援朝鲜，遭到联合国贸易禁运。

当时的一些爱国港商打破禁运，偷运物资到内地，也借此赚到了第一桶金——包玉刚便是其中之一。

经过一番打拼，包玉刚已经是有 20 万英镑身价的富商，但他绝不安于现状。他认为，海运事业颇有发展空间。1955 年，37 岁的包玉刚带着全副身家，只身前往英国。他找到一家海运公司，恳请他们将一艘旧船"金安号"卖给他。有感于包玉刚的诚意，对方很快就把船卖给了他。稍加休整后，包玉刚把它开回香港。可是，当他回到香港时，得知他要进军海运业的香港各大船商却纷纷耻笑他。有人甚至打赌，包玉刚肯定会铩羽而归。

其实，同行的嘲笑并非没有道理。当时的包玉刚，对船运一窍不通，连"左舷"和"右舷"都分不清。但他并不气馁，夜以继日修读了大量船运方面的书籍，并且不放过任何机会去参观其他船厂。一年后，他对造船学和机械工程已经了然于胸，就凭一艘旧船，打开了局面。

功成名就后，记者采访包玉刚的经商之道。包玉刚说，秘诀就是"用笨办法获得客户的信任"。原来，一般的船运都追求赚快钱，但是包玉刚耐得住性子。他避免冒险的单程包租，却以几乎降低 1/4 利润的方式，采用较为安全的超过一年的定期包租，薄利长销。

也是包玉刚鸿运当头。1956 年，海运界发生一件大事。这年，埃及总统宣布从英国手中收回苏伊士运河，非其友好国家的船只，一律不得使用运河。这样一来，世界上大多数往来于欧亚的船只，都必须绕道南非好望角，航运成本剧增。多数缺乏现金流的船运公司，不得不选择卖船结业。恰在此时，包玉刚的"金安号"合约到期，租赁方支付给包玉刚一大笔钱。包玉刚拿着钱，一口气买下好几艘旧船，再以同样的定期包租方式出租，把盈利周期和金额进一步拉大，形成稳定现金流。

包玉刚是做金融出身，深谙金融之道，很懂向银行借钱抓住机会。到了 1961 年，由于有稳定的现金流，他成功获得日本神户银行信用证（letter of credit）担保，继而得到汇丰银行 75 万美元贷款，买了人生中第一艘新船。这下子，当初耻笑他的同行，全都服气闭嘴了。

"弃船登陆"

我们都知道日本人做生意讲合约，想获得日本人的信任很难。但是，包玉刚是个例外。日本人称包玉刚是"我们最尊贵的主顾"，只有他可以"先把船开走，再慢慢付款"。因为包玉刚有个执着的信念，他说："签订合同是一种必不可少的惯例手续，纸上的合同可以撕毁，但签订在心上的合同撕不毁——人与人之间的友谊建立在互相信任上。"多数时候，包玉刚做的比合约上写的还要多。

1965 年，包玉刚开拓石油运输市场，并成功和壳牌公司、埃克森、英国石油公司等国际油商合作，大量租用环球集团船只，由此获得了亚洲航运业的控股权和国际石油海运市场中可观的收入。全盛时期，包玉刚拥有 200 多艘船，总吨位近 2000 万吨，是名副其实的"世界第一船王"。

曾经有位外国记者这样形容包玉刚："他是不能让自己停下来的人。"1978 年，在海运界发展了 23 年的包玉刚，地位如日中天。但是就在此时，他却宣布"弃船登陆"，要"上岸"发展了。

为什么包玉刚会有这样的决策呢？主要有两个理由。第一个理由是，20 世纪 70 年代世界经历了两次石油危机。暗中观察的包玉刚判断，国际航运的发展空间有限了。而第二个理由更为重要。

1978 年，中国召开党的十一届三中全会。包玉刚敏锐地洞察先机。

他借探望表哥——时任国家旅游总局局长的卢绪章的机会，向北京发了一封电报。这么大的港商来电报，事情惊动了邓小平。经过邓小平亲自拍板，包玉刚赴京。当年11月，邓小平会见包玉刚。经过数小时的谈话，包玉刚对香港的前途充满信心。既然香港会继续繁荣稳定，那么土地就会越来越值钱。

说干就干。包玉刚回到香港，拿出惊人的魄力，把矛头直指老牌英资洋行。20世纪70年代的香港，四大资本最雄厚的英资洋行分别为怡和、太古、会德丰及和记黄埔。包玉刚和李嘉诚打配合，对怡和动刀。

当时在包玉刚面前，李嘉诚还是"小弟"。李嘉诚先运用长江实业的资金，收购香港某些具有实力的上市公司，剑指怡和集团的主要旗舰九龙仓。包玉刚则不动声色。李嘉诚采用出其不意的战术，派人四处大量暗购九龙仓股票，使九龙仓的股价在短短几个月内由13.4元狂升至56元。后知后觉的九龙仓感到大事不妙，立即部署反收购行动，在市面上大量购入散户持有的九仓股票。无奈九龙仓资金有限，最后只好向汇丰求助，而汇丰与李嘉诚合作多时，双方关系良好，这使李嘉诚有点为难。

这时候，包玉刚动手了。资金雄厚的包玉刚，高调以5900万港元，购入李嘉诚持有的1000万股九龙仓股份。这样做，既避免了李嘉诚与汇丰发生正面冲突，又能实现包玉刚的华资财团取得九龙仓控制权的目标。就这样，包玉刚顺利"弃船登陆"。其后，作为投桃报李，包玉刚把手中持有的另一老牌英资洋行和记黄埔的股票转让给李嘉诚，为他后来入主和黄埋下伏笔。

包氏传人，勤俭建业

包玉刚的座右铭是"持恒健身、勤俭建业"，可谓深得他的先祖包拯的真传，这是家风的影响。从这 8 个字中可以看得出，他对自己的要求是必须有强健的体魄，以及建功立业的决心。包玉刚非常重视健身，尤其热爱游泳，所以在全国各地，有不少他捐助的"包玉刚游泳馆"。而论及勤俭，包玉刚更是一绝。他经常劝勉大女儿，希望她不要在物质上耗费太多，他说："记住，鞋是用来穿的，不是用来摆阔的，有鞋穿就不用买鞋。"他自己也只穿一件破旧浴袍去游泳。

包玉刚贵为亿万富豪，很多人好奇，他出行的时候是不是都有私人包机。包玉刚说他是吃宁波乡下的咸菜萝卜干长大的，哪能坐包机。不仅如此，包玉刚夫妇每天习惯把吃剩的菜收在冰箱里，下顿热热再吃。外孙到家里来，吃剩一半的苹果，包夫人还会削削吃过的部分再吃掉。一位在包玉刚身边服务多年的职员曾经回忆说："在我为他服务的日子里，他给我的办事指示都用手写的条子传达。用来写这些条子的白纸，都是纸质粗劣的薄纸，而且如果只写一行字，他会把纸撕成一张长条子送出，这样的话，一张信纸大小的白纸可以写三四张指示。"连一张纸都要节约，足见其勤俭。

据说包家长女包陪庆在美国读大学，除了学费，零花钱都是自己打工挣的。她曾在美国芝加哥的黑人区工作一年半，专门为黑人和犹太人孩子服务。众所周知，那种地方种族歧视严重，工作危险又辛苦。包陪庆虽然害怕，但是不敢告诉家里，怕爸妈担心。

有人可能会说，包玉刚没有儿子，所以家业无以为继，但是，包玉刚没有重男轻女的思想。在他看来："把一个人教育好了，她就有能力传承、创造。"实际上，包玉刚的 4 个女儿不仅自身毕业于名校，还都与非常杰出的社会名流结婚。其中，他的二女婿吴光正曾担任九龙仓集团主席及香港贸易发展局主席。而这一殊荣，又由外孙吴天海继承，可谓不负众望。

当然，包玉刚最为人称道的还是他的爱国爱乡情怀。1978 年以后，他在中国内地广做慈善，先后捐资修建了北京兆龙饭店、宁波大学、上海交通大学包兆龙图书馆等项目。包玉刚还为祖国贡献他在船运界的经验，与国内造船企业签署协议，订制多艘船只，推动中国船舶业走向世界。包玉刚和妻子黄秀英膝下无子，共育有 4 个女儿，有的女儿移民海外。但他经常跟女儿说："无论加入了什么国籍，无论成为哪个国家的媳妇，无论什么时候、什么地方，都不要忘记我们是中国人。"这一点，也是包玉刚父亲包兆龙的家训："叶落归根，建设家乡，热爱祖国。"

从包玉刚的故事，我们可以看出家风是如何穿越千年，对人产生作用的。

9

穿过窄门
的勇气

金钱的本质

你笑什么？只要改个名字，故事说的正是你。
——古罗马演说家　贺拉斯（Quintus Flaccus）

在当今社会，赚钱是非常重要的一项技能，而且，赚钱是有方法的。但奇怪的是，基础教育从来都不教任何人怎么赚钱。这是为什么呢？有一种带点阴谋论的说法认为，这是因为整个教育体系都是精英建构的，精英不会让普通人知道赚钱的秘密，更不会让普通人知道金钱的本质。那么，金钱的本质究竟是什么呢？

在经典电视剧《大宅门》里，开百草厅的白家是京城有名的百年医药世家，名声显赫。但因为庚子国变，家族中人被迫逃离北京。白家一度没落，大少爷白景琦只身前往济南创业。在济南的时候，没有启动资金，白景琦只好去当铺典当。他拿一件上好貂皮大衣去，没想到当铺估价说："虫吃鼠咬，光板无毛，破烂皮袄一件。"白景琦只换来五两文银，但人在矮檐下，不得不低头，他无奈收下。

白景琦很生气，他想到一个损招。第二天，他拿了一个用封条封死的木匣来到当铺，亮明自己的身份。当铺老板早闻京城百草厅的大名，没想到眼前就是白家大少爷。一番寒暄后，白景琦故弄玄虚地介绍，那个木匣里面，装的是他们白家的传家之宝，想要典当两千两文银。当铺老板将信将疑，说要开匣验货。白景琦赶忙阻止，说这封条谁也不能打开，连他都不知道里面装的什么，但肯定是比他性命还重要的宝贝。典当行老板思前想后，决定相信白景琦。

过了一段时间，白景琦拿典当的钱创业成功，前来赎回木匣。典当行老板把木匣还给白景琦，白景琦接过木匣，然后将木匣"咻"的一声扔出窗外。当铺老板大惊失色，白景琦却哈哈大笑，告诉老板，这里面装的只是他的一坨大便。这段剧情，在电视剧中非常经典。

为什么白景琦能够用一坨大便换到两千两文银？其实这个行为成功的背后，是白家的百年信用在做担保。从这个故事中我们就能看出，**金钱的本质是信用。**看懂了这一点，很多事情就能解释了。

比如：为什么有钱人更容易借到钱，甚至可以无抵押借到钱？因为他们的信用就是抵押品。又如：富二代为什么天生比普通人起点高？富二代真正拥有的价值不是家里的钱，而是他出生在一个有信用担保的家族。意识到这一点，富二代就会珍惜父辈打拼得到的来之不易的财富，并善加运用，来创造更大的价值。而回到开头的问题——为什么基础教育不教赚钱？因为教育本身就是在为受教育者累积财富，一个拥有名牌大学文凭的人，已经比普通人更具备社会信用担保。

理解了金钱的本质，新富对自己该做什么，不该做什么，自然有了衡量的标准。**对家族来说，有个无形的信用积分系统。**什么名声、金钱等，都只是这套信用积分系统的呈现而已。家族只要有信用，衰而能兴；家族如果丢失信用，兴而能衰。因此，家族成员之间不得不是紧密连接的共同体，造的是共业，一荣俱荣，一损俱损。之所以要行善，是为家族增加信用；为什么要诚信，也是为家族增加信用。凡是能为家族累积信用的事情，都应该积极主动去做。

运用信息的能力

在没有新闻媒体监督的情况下,信息严重不对称市场的经济会关闭。

——华人经济学家　陈志武

陈志武教授非常重视新闻媒体对市场经济的作用，其实是不难理解的。在市场经济中，任何投资的决策都需要依靠数据和信息，而新闻媒体则是数据和信息的重要来源之一。可以想象一下，如果一家公司账面上做得十分漂亮，但是背地里做的是些见不得光的事情，投资人如果只看表面，就有可能造成决策错误。而现今的问题，不是信息太少，而是信息太多，多到让人眼花缭乱。

知名大数据专家涂子沛曾说："数据不像有些人说的那样，是什么资源。数据它就是土壤，而数据的开放和透明，是在这片土壤上流淌的河流，这片土壤到了哪里，这片河流流淌到哪里，哪里就会盛开文明之花。"所以，运用信息的能力，对新富来说也是至关重要的。

运用信息的能力，可以分为以下 3 种：

第一，信息获取能力。信息的获取是一种了不起的能力，尤其是在现在这个信息泛滥的时代，我们每个人每天都要接收大量的信息。这些信息有的是官方发布的，有的是小道消息，如果一股脑儿地接收过来，信息就变得没有价值。只有对信息进行筛选，把无效的信息屏蔽在外，才能称之为能力。尤其是小道消息，它不一定错，但更多情况下具有误导性。在保守主义投资者看来，对小道消息应该尽量采取不听、不信的态度，因为得不偿失。

第二，信息加工能力。信息加工是指在完成获取以后，对信息的梳理、加工和优化的能力，包括对信息的理解、分析、评判等能力。"股神"巴菲特每天都要花起码 5 个小时研究各家公司的报表，这个习惯他保持了数十年。在每天的日课中，巴菲特脑中实际上是在对信息进行加工。在外行眼中看来，报表可能只是一堆杂乱无章的数据，但是巴菲特就有能力从中整理出线索来。因此，信息加工不仅要耐得住性子，还需要很强的逻辑分析能力，在无序中寻找有序。

第三，信息利用能力。在获取并加工完信息以后，就要开始利用信息，它指的是把信息经过分析、综合、加工而转换成新信息的能力。通常情况下，转换出来的新信息呈现为一些决策。假如对信息不加以利用，那么前面两步的工夫就成了无的放矢。巴菲特在加工完信息后，把它变成自己的投资决策，并在过去 50 多年里，创造平均年化 20%以上的复利增长。有人算过，如果 50 年前把 1000 元交给巴菲特，那么现在你已经是拥有 4000 万元资产的富豪——这就是运用信息带来的效果。

我们总说现在是一个信息社会，但真正懂得运用信息的人并不多。**无论创富、守富还是传富，都是件枯燥乏味、极其"烧脑"的事情。**巴菲特的一生并不奢侈，而且他把 99% 的财富都捐了，他是真正体会到投资乐趣的人。对他来说，投资就是最好玩的游戏，而任何人玩游戏，都会千方百计、乐此不疲地去赢。所以，只有在枯燥中寻找到乐趣的人，才是真正的"贵族"。

勇气是种美德

> 只是想逃避困难的人，必然会落后于他人。
> ——奥地利心理学家　阿德勒（Alfred Adler）

自古以来，无论东西方，哲人都很强调勇气。勇气，是人类众多情绪中的一种。什么是勇气？它指的是选择用意志去直面苦恼、痛苦、危险、不确定性或威胁等一系列负面情绪的能力。在众多负面情绪中，尤其值得新富去注意的，是不确定性，因为这也是财富面对的最大挑战。

人在年轻的时候，多是喜欢拥抱不确定性的。有时候，没有挑战也会刻意创造挑战，比如去冒险、攀岩、蹦极等。但是随着年岁渐长，人的心态会倾向寻找确定性，所谓趋利避害。但是，很多时候人们越是逃避不确定性，就越容易受制于它。你可以放过自己，但世界不会放过你。

阿德勒的心理学说，近年因为一本名叫《被讨厌的勇气》的书而传播开来。在阿德勒看来："'勇气'就是克服困难的活力。缺乏勇气的人，一旦遇到困难，就会坠入人生的黑暗深渊。"而且，阿德勒认为，勇气并不是"药"，不是说需要的时候吃一颗下去就完事的。勇气应该是日常训练的结果。正如对于新富来说，无视家族潜在的风险，是一种缺乏勇气的表现；但同时，家族的潜在风险不可能在新富人生的最后几年，通过一些简单操作就完全杜绝。更何况，人生在世随时都有意外死亡、丧失民事行为能力等风险，新富只有及早正面问题，才算是有勇气的表现。

面对不确定的世界，新富依然可以意识到内在的力量，保持自信，泰然自若。勇气可以分为生理上的和道德上的两方面。生理上的勇气，指的是直面病痛、死亡或者压力造成的生理不适（如失眠等）。而道德上的勇气，指的是面对诋毁、侮辱、挫败、不理解等的能力。比如说，如果新富选择立遗嘱、立信托，很可能遭到家族的反对，这些正确的行为，需要勇气的支撑。

按照行为方式，勇气又可以分为两种：一种是做的勇气，另一种是不做的勇气。运用勇气的目的，是要防范风险。有的事情做了可以防范风险，有的事情不做才可以防范风险。什么事情要做？比如税务规划、订立信托、资产隔离等。什么事情要不做？比如挥霍无度、巧取豪夺、损害健康等。其实，孔子在两千多年前已经把道理说明白了，就是："狂者进取，狷者有所不为也。"该做的事情，要拿出"狂者"的勇气去做；不该做的事情，要拿出"狷者"的勇气断然拒绝。做和不做的勇气，是平等的，都需要价值的判断意识、独立的思考、有力量的性格和魄力。

在近代史上，英国前首相丘吉尔是公认充满勇气的人。在希特勒的纳粹德国尚未成气候时，丘吉尔就不断游说英国国会扼制希特勒。但国会非但不听，还冷落丘吉尔。后来希特勒进攻英国了，国会邀请丘吉尔出山，代表正义向邪恶势力开战，丘吉尔当仁不让。他甚至威胁国王说：如果你敢投降，我就敢去加拿大组织流亡政府继续和希特勒打下去。所以，丘吉尔留下了一句每位新富都应该记住的至理名言，他说："成功并不是终点，失败并不是终结，只有勇气才是永恒。"

给自己画个坐标系

你将拥有的家庭，比你出身的那个家庭重要。
——英国作家　劳伦斯（David H. Lawrence）

作为一个人，虽然不一定会为家族延续后代，但可以肯定的是，我们来自某个家族。如果我们来自一个显赫或者曾经显赫过的家族，这会让我们的生命多一份荣耀与使命感。很难想象，如果何鸿燊不是来自何东家族，遭遇家道中落的他，还能不能秉持一份复兴的精神，再度站起来。

中国历史上，最讲究家族的是魏晋南北朝时期。曹魏的创立者曹丕发明了九品中正制，令士族发展到顶峰。南北朝时期，亦被学者称为"谱学的黄金时代"。由于讲究家族出身，也发展出了许多在今天看起来很矫情的规矩。南朝时期的名著《世说新语》，记载了不少这样的故事。

例如，当时的人很看重家讳，在社交场合要尽量避讳对方的祖先的名字。有次，东晋桓温的儿子桓玄招待朋友王忱吃饭。王忱因为不能喝凉的酒，就吩咐仆人"拿温酒来"。这个"温"字，触犯了桓温的名号。桓玄听了，脸立刻变色，但又不好意思明说，就在那里掉眼泪。王忱见了也很尴尬，只好默默离开。这种有点做作的行为，在当时的社会是一种所有人都认同的共识。

魏晋有士族风尚，所以人人都希望成为士族。为了避免有人冒充，于是族谱就流行起来。这种风尚，到初唐时也有一定影响。初唐名臣房玄龄、魏徵，都选择和旧朝的士族联姻。但是，到安史之乱时，士族被大量屠杀，族谱被大量焚毁，这种风气就断裂了。正所谓："旧时王谢堂前燕，飞入寻常百姓家。"士族不复存在，后世君王亦很警惕门阀的威胁。我们今天看到的族谱，是宋代以后才兴起的，已经没有标示士族的作用，只作为尊祖、敬宗、收族的工具。

如果有族谱，是件幸运的事，因为很容易就能找到自己在家族长河中的坐标系。假如新富没有族谱，就没有家族中的身份认同。身份认同是心理学和社会学的一个概念，指一个人对自我特性的表现，以及与某一群体之间所共有观念的表现。**有身份认同的人，明显比没有身份认同的人有生存意义和奋斗目标。**所以，新富值得制定族谱，给自己画个坐标系。这样，后世子孙就很清楚自己的位置了。

在家族长河中，一代有一代的任务。新富是创富者，为家族提供了经济基础。接下来，还有很多标准需要制定，比如学问标准、人格标准、是非标准、成功标准等。这些标准，不是闭门造车可以制定出来的，而是一代代人通过行动做出来的。可以说，一个家族的标准越丰满，这个家族的性格就越鲜明，人们想起这个家族，就能想象出是什么样的人。社会的监督，也可以约束族人成为家族应有的样子。当然，这些标准也是不可能穷一代之力就完成的，因此要家族齐心合力。

建立在同一个祖先血缘基础上的身份认同，有牢不可破的稳定性。在这个基础上，才可以建立家学与家风。近年，领导人也强调好的家风。为了建立良好的家风，我们要先建立家族。

避免"单向度"思考

单向度的人不仅不再有能力去追求，甚至也不再有能力去想象与
现实生活不同的另一种生活。

——德国哲学家　马尔库塞（Herbert Marcuse）

时代有潮流，顺之者昌。在过往的潮流中，新富度过了一场逐利
的历程，被时代潮流裹挟，不经意间可能成为"单向度的人"（one-
dimensional man）。来到现在这个阶段，是时候停下来思考一下前路了。

"单向度的人"是法兰克福学派代表人物马尔库塞于 1964 年所
出版的同名著作中提出的概念。在这本书中，马尔库塞批判了西方资
本主义的虚伪。他认为，西方社会用消费主义将"快乐"商品化。铺
天盖地的广告宣传，肤浅、粗俗地暗示消费者，"快乐"是可以被购
买的。这导致在西方社会，多数人存在一种对"自由"的想象——他
们可以随时购买，误以为这就代表了自由，但同时，他们却需要付出
时时刻刻超时工作的"不自由"的代价。西方社会人们对心理健康和
环境污染的忽视，使得人们高度依靠物质作为关系的纽带。

新富有没有陷入类似的境地呢？这取决于新富所处的圈层。在一
些高尚圈层内，新富追求的是精神层面的东西。正如中国香港富豪罗
鹰石、陈廷骅等人，他们有钱了以后，不追求名牌穿着，而是研究书
画、佛学等。但在一些不那么好的圈层，新富的精神世界是空虚的，
难免沉醉酒色。有段时间，新富流行去澳门赌钱，这就是空虚的表现，

幸而近年这种情况改善了不少。

马尔库塞认为，过度沉溺消费有一点最不合理之处，那就是新产品的出现往往意味着旧产品的淘汰。问题的关键在于，人们对新产品需求是虚假的，并不是因为旧产品需要被淘汰。为这些虚假的需求，人们奋力工作，其实满足的只不过是经济模式的需要。就像许多年前，人们不断消费、购买房产，美其名曰投资，实则也是消费。这股歪风，直到领导人用一句"房子是用来住的，不是用来炒的"叫停。过度消费带来的后果，是人与人之间的互动模式扭曲，陷入零和博弈。

新富在现今的历史阶段，务必意识到过度投资等同于过度消费，扭转观念，从"增值"到"保值"才能帮助社会回到一个良性互动的人际关系。不良的人际关系，不仅会伤害社会，也会伤害家族成员。新闻里常常看到家族成员为了一套房打得不可开交，这就是社会不良人际关系对家族造成的反噬。今天你觉得为家族可以不惜代价伤害别人，明天家族内部也可以同样不惜一切代价互相伤害。

所以，马尔库塞提出的"反消费主义"，实则反对的是所有非必要的消费、劳动、资源浪费等。真正的"贵族"，从小接受的教育都是不要去买非必要的东西，甚至可以租用的东西就没必要去购买。比方说，需要墙上的一个洞，只要租电钻用一下就行，何必买一把电钻呢？至于对时间的认知，也要反对非必要的劳动。"贵族"如有充裕的时间，也会去做有价值的事情，比如回馈社会。新富在迈向"贵族"的过程当中，也要逐渐树立起这种良好的价值观。

穿过窄门

> 所谓自由，不是随心所欲，而是自我主宰。
>
> ——德国哲学家　康德（Immanuel Kant）

"窄门"这个概念，近年于财经领域被引用较多。很多人用"窄门"的概念来诠释投资，是很不对的。因为它并不是财富增值的窍门（风险太高），而是财富保值的窍门。"窄门"和马太效应一样，都出自《新约全书》的《马太福音》。原文是："你们要进窄门。……引到永生，那门是窄的，路是小的，找着的人也少。"由此可见，"窄门"的理念其实是告诉人们，要选择"少有人走的路"。这一点，对新富来说至关重要。

人人都能看见的机会，从来都不是机会。机会有个特点，就是当它尚不成熟时，成本极低，抓住它是最好的，但没几个人看得到它。而当它成熟时，所有人都看得到它，它的成本就变得极高。这时候，高昂的成本会吓得人望而却步。所以为什么人们总是抓不住机会？就是这个道理。

"穿越"一点来看，中国的新富现在有点像站在镀金年代（Gilded Age）刚刚过去的美国。镀金年代诞生了大量富豪，其中洛克菲勒就是代表人物。洛克菲勒在镀金年代主要通过石油业赚钱，但他后来顺利转型成一名慈善家，用家族信托规范后世，同时回馈社会。中国最好的协和医院，纽约的联合国总部，都是洛克菲勒家族捐赠的。时至今日，洛克菲勒家族在美国仍然是名利双收的大家族。

以洛克菲勒为代表的贵族阶层，有什么共同之处呢？他们都非常低调、自律。洛克菲勒留给子孙的家训中有这样一条："收入只是你工作的副产品，做好你该做的事，出色完成你该完成的工作，理想的薪金必然会来。而更为重要的是，我们劳苦的最高报酬，不在于我们所获得的，而在于我们会因此成为什么。"和其他大量同时期的富豪相比，洛克菲勒走了一道"窄门"。他不是告诉子孙享受人生，而是告诫他们必须努力工作，这样自然会有回报。这一点，值得新富学习。

据说洛克菲勒非常低调，平时沉默寡言，神秘莫测。他很少出现在传媒面前，也不太发表言论。新富不要太张扬，到处招摇过市，发表口耳相传的"名人名言"。已经有一些知名新富祸从口出，相信多数人会引以为戒。但要做到低调，其实并不容易。新富都是成功者，人成功了就喜欢分享经验，近年来，各种新富的自传多如牛毛。新富贵在有自知之明，无论取得什么成就，都不能得意忘形。比如，中国香港地产商陈启宗很受人尊敬，但他说话的时候总是很谦虚。他曾说："历史告诉我们，房地产商在任何一个国家、任何一个经济体，都不是被尊重的人。"这就是他低调的表现。

"窄门"一定是不易走的，也是不容易下决心走的。多数人都喜欢走容易走的路，但下坡路比较容易走。新富现在面对的一大挑战，是年纪渐长，选择"窄门"的勇气渐弱。如果只是以个人作为考虑对象，实在没有理由在中老年时再挑战自我。只有建立起家族思维，才能鼓起充足的勇气，穿过"窄门"。个人不会"永生"，但家族有可能"永生"。

家族内卷

近年,"内卷"(involution)也是个热门词。各行各业的人,都喜欢感慨几句"卷了",好像这是个很时髦的词似的。然而实际上,内卷有什么稀奇的呢?自古以来,尽皆如此。

首先,内卷是什么意思?内卷的本意,是个生物学概念。它是指在原肠胚形成期间,扩展中的外层细胞片向内迁移,使得自身覆衬到其余外部细胞层的内表面上的过程。然后,这个词被运用到社会学层面,即所谓"内卷化效应",指的是长期从事某一方面的工作,水平稳定,不断重复,进而自我懈怠,无渐进式的增长,无突变式的发展,对即将到来的变化没有任何准备,完全缺乏应变能力。

试问,这个概念,岂是新鲜事物?前文提过,王阳明的子孙,在有明一朝,都为世袭他的"新建侯"爵位而打得不可开交。为什么王家子孙会为此开战?就是因为他们在一个特定的领域,争夺一成不变的东西。这个爵位毫无长进,却极具吸引力。这个事例,难道不就是内卷吗?由此可见,内卷这件事,自古以来早已有之,绝非当今的特有现象。换句话说,将来也仍会继续存在下去。

家族内卷是很恶劣的现象,内卷的家族,常常表现为争产。古今中外,争产的案例恒河沙数。如果细看那些争产的案例,会发现它们拥有一些共同点。比如，争产者往往身无一技之长，没有自己独特的谋生手段。又如，争产者往往十分乃至过于认同创富者的行业，觉得除此之外别无其他生财手段。总而言之，争产这种家族内卷的现象，是创富者没有做好布局所造成的。

实话实说，内卷这种现象，在家族内部是很容易出现的。因为家族是一个相对封闭的系统，创富者的努力，通常为家族奠定了行业基础。如果家族成员都在创富者所划定的行业内从业，就很容易出现内部竞争。就家族而言，良性竞争是对外的竞争，恶性竞争是对内的竞争。

想要避免家族内卷，新富就要制定好家族内的规则。**新富制定规则的总原则，是"抓大放小"**。抓住大的方针，具体的小细节，就随他去吧。比如，家族究竟是往治学、经商还是从政等方向发展，这就是抓大。甚至方针可以更宽泛一些，比如要和睦、友爱等。桥梁专家茅以升的家训，就非常宽泛。他说：做什么行业都可以，但是做一个行业，就要做到最好。于是在他的下一辈中（"于"字辈），就出了知名经济学家茅于轼、知名音乐家茅于润等。再下一代，还有钢琴家茅为蕙。

家族内卷既然可以通过"抓大放小"来解决，那么家族信托就成为非常合适的财富工具。家族信托可以根据新富的喜好，制定继承家族财富的规则，是不要让所有人的追求目标单一且巨大，而应该多姿多彩，比如追求成为博士硕士，比如追求生儿育女，比如追求家庭和睦，而至于具体的生活方式、职业路径，则不必过多操心。一代创业的时候，家族做同一行业，拧成一股绳是好事。但在后代，布局进入不同行业，在各个行业有所建树，更有利于避免内卷的发生。

立于不败之地

故善战者，立于不败之地，而不失敌之败也。

——中国春秋时期军事家　孙武

孙武30多岁时写了《孙子兵法》，全篇只有6000多字，尽是干货，没有废话。比尔·盖茨、孙正义等世界级富豪都承认，他们最爱看的书是《孙子兵法》。

《孙子兵法》的主导思想是："知己知彼，百战不殆。"这句话的要义在于：**一切行为的准则不是为了"胜"，而是为了"不败"。**新富的家族战略，也应该是一样的。不是想着一代代总是赢，而是千秋万代立于不败之地。世界不是属于强者的，也不是属于弱者的，而是属于智慧者的。

"不输"和"胜利"相比，有什么优势呢？不输比胜利多了两种有利的情况：不输；不发生战争。只要发生战争，就没有真正的赢家或输家。是故在孙子看来，真正的胜利其实是"不要打"。《孙子兵法》共13篇，有10篇都是在讲怎么不打，而不是怎么打。无论怎么打，你的族人的机会都只有一次，所以只要败了，对你的族人来说就是灭顶之灾。因此，冲突是不能轻易尝试的。孙子的智慧在于保护自己，而不是"杀敌"，不要打是上策。千万别用"我是正义的"之类的借口来陶醉自己，短兵相接，唯实力比拼耳。用实力压制对方，是所有人唯一能听懂的语言。

新富在为家族构思家族信托的游戏规则前，应该好好研读一下《孙子兵法》，建立"不败"而非"胜利"的初衷。有两项功课，是新富必须要做的，一项是"知己"，另一项是"知彼"。孙子云："不知彼知己，一胜一负。不知彼不知己，每战必败。"我们知道，知己的功夫可以潜修，而知彼的功夫难以预测。所以，新富在家族规划时，就要刻意规定家族成员不可以没事找事。

孙子云："上兵伐谋，其次伐交，其次伐兵，其下攻城。"意思是说，谋略最佳，外交次之，杀敌再次，最次攻城。总之，能不打，就不应该打。孙子又云："百战百胜，非善之善者也，不战而屈人之兵，善之善者也。"意思是说，总是打赢不算最好，不打就能阻止战争，才是最好的。

相信新富中有不少是体育迷。体育迷经常听说一句话叫："进攻是最好的防守。"这种思想来源于德国军事家克劳塞维茨（Carl von Clausewitz）的《战争论》，它的来源则是拿破仑的战术。而正是这种思想，导致了一战和二战的浩劫，可谓祸端也，绝不可取。整体来说，新富在制定家族规则时应该尽量避免族人寻衅滋事。例如，在信托中可以规定，凡主动滋事者，一切后果自负；而被动惹祸者，可由家族信托承担经济后果。这样一来，相信族人都会多一根筋，不主动挑事。同时，有事不怕事，没事不找事。

总而言之，一个能够长治久安的家族，不是百战百胜的家族，而是一个百战不殆、始终立于不败之地的家族。新富制定家族信托游戏规则的指导性思想，应该是要做好防守，规范子孙的行为，让子孙行中庸之道，永远不要走上极端之路。

以终为始

只要我口袋里有钱，我便可以保持我的独立。

——法国哲学家 卢梭（Jean-Jacques Rousseau）

本书已经行将终结，就新富来说，最后一节想要强调的是，新富应该养成良好的习惯。习惯何以重要？英国前首相撒切尔夫人曾这么说："注意你的思想，它们会变为你的言语。注意你的言语，它们会变为你的行动。注意你的行动，它们会变为你的习惯。注意你的习惯，它们会变为你的性格。注意你的性格，它会变为你的命运。"由此可见，习惯导致的，将是一个家族的命运。

在关于习惯的论述中，管理学大师史蒂芬·柯维（Stephen Covey）在其名著《高效能人士的7个习惯》中提出的其中一个概念是：以终为始。什么是以终为始？它指的是，**将一次性创造的过程分为多次性创造**。换句话说，它将家族使命的完成，从一代人拉长到多代人，这样就能目光长远，而不短视。

以终为始不是简单的任务，它需要新富有看到最终的能力。在看到最终的同时，又能把结果拆分为若干步骤。还要具备每一代人完成阶段性任务的预期，最终像拼图一样，令家族使命达成。

在三国时代，曹操不可谓不拼命。他一生戎马，封魏王，距离皇位仅一步之遥。但是在他晚年，大臣问他是否取代汉朝登上皇位的时候，曹操的认知非常清晰。他跟大臣说："如果天遂人愿，我愿意做周公。"众所周知，周公毕生辅佐周成王，别无二心。曹操这么讲的意思，是说他没有篡位之心，但他并没有说他的子孙是否会取代汉朝。实际上，曹操的近臣很识趣，知道曹操想让儿子篡位。而他的儿子曹丕，果然逼汉献帝退位，自己接受禅让，建立了曹魏政权。

以终为始的能力，是一种谦卑。新富必须承认，有些远大的使命，不是新富一代就能完成的。以终为始代表，新富的创富虽然告一终结，但后继者的创富才刚开始。后继者站在全新的高度，理应创造更多的价值。说实话，身后的世界谁能说得准呢？所以，新富并没有太多可以帮到子孙的。唯一能做到的，只是让子孙后代都不受穷，口袋里随时有钱，保持人格之独立罢了。

现在是一个广泛制造焦虑的时代，焦虑是"镰刀"的利器。但是，新富不应该被带节奏。各种媒体不断创造"后浪"袭来的感觉，但这不应构成新富的焦虑。新富须知，"后浪"是自己的下一代。所谓竞争，从来只存在于同代人之间。所以，即便有"后浪"，那它也只不过是自己的下一代的竞争对手而已。所以，新富的任务是帮助自己的下一代具备竞争力。而实际上，所有的"前浪"都应该继续为自己的下一代注入竞争力，毕竟，财富是具备自私性的（参考第一章"自私性原则"），"自己人"最可靠。

一些新富或许认为，自己已经很辛苦了，所以奋斗将近终点，但这是站在个人主义的角度而言。如果以家族的角度来说，第一代的奋斗，只是起点而已。所谓以终为始，就是以自己生命的终点，作为家族生命的起点。如果树立了这样的志向，岂非任重道远？于是乎，创富者一切的委屈、忍耐，也就变得不值一提了。因为，我们的征途是星辰大海。

案例九

香港最大隐形富豪，低调家风历久弥新
——何英杰家族

　　1991 年，中国内地发生华东水灾，香港地区民众慷慨解囊，其中有位神秘人物，一个人就捐了 1 亿港元。当时的 1 亿港元，简直是天文数字。人们不知道这位神秘人物是谁，只能猜测。唯一能肯定的是，这位神秘人物非常爱国。多年以后，人们才知道这位神秘人物是香港烟草大亨何英杰。而在其过世之后，总结他的一生，累计以"神秘人物"名义捐款的总额，竟然高达 8 亿港元之巨。

第一代大慈善家

　　何英杰是土生土长的上海人，1911 年出生在浦东。上海是中国的经济龙头城市，生在上海，那时已经"赢"了多数人。14 岁的时候，他进入家族印刷厂当学徒。20 岁，学成的何英杰携 2000 元资本，决定自己创办新亚印刷厂。抗战爆发后，人们都逃难去了，工人及技术人员大量缺乏。何英杰自己熟练掌握印刷技术，于是便趁此机会，亲自画石拼版，开动印刷机器，使新亚印刷厂成为上海唯一开门营业的印刷厂，经营利润也相对提高了 10 倍，在短短两周赚了两万元。他把这笔钱全部用来向国外订购纸张，而纸价天天上涨，不到一年，仅经营纸张就令他赚了数十万元。

　　有了这笔意外之财，何英杰开始寻觅其他生财之道。20 世纪 30年代，中国内地的民族烟草行业发展得非常迅猛。中国的烟草，最早由英美烟草公司传入，并且垄断了几乎全部市场。不过辛亥革命后，

民族企业兴起，尤其借一战之机，民族烟草业得以长足发展。上海是当时的经济中心，伴随外来商品的不断涌入，何英杰发现香烟成为很多人的生活必需品，于是萌发了从事香烟生意的想法，他很看好香烟行业的发展。何英杰抓住机会，于1942年在上海开设香烟厂，并创办香烟品牌"高乐"。高乐香烟在上海风行一时，时至今日，一些上海老人仍有记忆。

不过，随着解放战争日趋白热化，何英杰觉得局势太不稳定，对经商不利，于是索性移居香港，并于1950年创办了香港烟草公司。初来乍到，何英杰算是独辟蹊径，烟草行业并不是竞争很大的行业。何英杰经营有道，善于交涉，很早便拿到"万宝路"品牌在香港的独家代理权，还制造了"良友"香烟品牌。随着20世纪60年代香港经济起飞，香港烟草公司随之赚到盆满钵满。

但是，香港烟草公司究竟拥有多少资产呢？这在香港从来都是个谜。为什么？因为香港烟草公司没有上市，因此无从稽考它的资产总量。甚至于，它只是一家独资公司。也就是说，除了何家人，没人知道它的价值有多少。只是根据传媒估算，目前何氏家族的资产起码高达200亿港元，但这也是猜的而已。应该说，何氏家族是从来没有在富豪榜出现过的"隐形富豪"。可以肯定的是，何氏家族目前的掌门人何柱国，是顶级富豪俱乐部"锄D会"的成员，和刘銮雄等人是好友。刘銮雄和儿子刘鸣炜不和，还是何柱国劝好的。圈子决定身价，由此可想而知何家的地位。

何英杰过于低调，私生活鲜为人知。只知道1990年退休以后，形单影只的他，选择独自居住在位于柴湾嘉业街的百乐门大厦天台，有媒体拍到过他在天台种兰花的照片。他的人生，就像兰花一样与世无争，遗世独立。

何英杰有句座右铭："赚你所能赚的，节省你所能节省的，布施你所能布施。"1929年，18岁的他与蒋贞素结婚，两人厮守终身，育有一子四女。1980年蒋贞素去世，何英杰非常感伤，从此过上半退休生活，并热衷于做慈善。或许因为烟草是"有损健康"的生意，所以何英杰特别喜欢做善事。早在1983年，何英杰就创办了"良友慈善基金会"，积极参与慈善事业。1994年，他还成立"何英杰基金会有限公司"，累积捐出金额数以亿计。

出于爱国心，何英杰大量捐助国内同胞。1991年华东水灾，他捐款1亿港元。1994年华南水灾，他再捐款5000万港元。1995年和1996年云南两次地震，他又先后捐款1.25亿港元。1997年，他向北京大学捐款3500万元，帮助北京大学建设了理科楼群交流中心。他去世后，这个中心被命名为"英杰交流中心"。时至今日，何家人仍是北京大学的校董。不过，何英杰虽捐助大量金钱，却从不留名，亦不会出任慈善机构的主席等职务。爱国爱港，行事低调，无人能出其右。

熟悉何英杰的人，都亲切地叫他一声"何伯"。何伯行善的名声不胫而走，传媒都想采访他，但他全都拒绝，只想保持低调。他晚年的生活，都只是传说。据说，平时只有在夜晚出门的何伯，有时会在家人陪同下驱车上街，看看香港的变化。退休后的他始终隐居，直到2000年去世。

第三代传媒大亨

何伯的儿子何关根，也曾担任过香港烟草公司的总经理。何关根与父亲一样喜欢做善事，同时作风也一样低调，与世无争。何关根的妻子名叫何金梅英，不幸早年去世。为了纪念妻子，何关根成立了"何金梅英国际慈善基金"，捐助世界各地的大学，如加州大学伯克利分校及弗吉尼亚大学等。另外，他还在香港教育大学和香港科技大学设立"何关根何金梅英内地杰出学生奖学金计划"，专门颁给来自中国内地的学生，鼓励内地学生来香港深造。与父亲何伯类似，何关根几乎不接受采访，导致坊间几乎不知道何伯与何关根的存在。他们的所有善举，都默默进行。

不过何家到了第三代，就显得高调多了。何伯的孙子何柱国，毕业于香港名校拔萃男书院，其后赴美留学。1990年何柱国学成返港，何伯旋即宣布退休，交棒给事业心浓重的何柱国。

何伯去世以前，有次何柱国在接受媒体采访时，被问到何伯的经营理念。何柱国说："我们（他与何伯）每天都见面，他老人家生活得很安逸潇洒。但在经营管理上，公公（爷爷）却从不主动说很多，有事情请教他时，他会给些简明的指点，平时则放开手让我做。"还说，"不过，公公教给我一句话最有用，这就是：'气量一定要大！'"

本来，何家可以低调地做一个"隐形富豪家族"。不过，野心勃勃的何柱国决心成为传媒大亨。现在人们熟知的何柱国，是香港《星岛日报》的老板，但《星岛日报》并不是他创办的。

《星岛日报》的创办者，名叫胡文虎。胡文虎是著名的"万金油"的创办人，资金雄厚，1938年创办《星岛日报》。胡文虎1954年去世，其亲生子胡好因空难早逝，于是便将产业传给养女胡仙。胡仙忠心耿耿，为了守住家族产业，甚至终身未嫁。她把生命全都贡献给了家族产业，将报业集团办得风生水起，一举成为上市公司，不断扩张。鼎盛时期，胡仙一人拥有7份产业，包括《星岛日报》《星岛晚报》《英文虎报》《快报》《天天日报》《华南经济新闻》，以及与大陆合资的《深星时报》。所以，胡仙在香港享有"报业女王"的美称，一时风光无限。

但是"人无千日好，花无百日红"，1998年受亚洲金融风暴的影响，胡仙在房地产及股票的投资出现巨额亏损，随后由于公司行政人员涉嫌贪污，她也惹上官司。1999年，胡仙被迫把《星岛日报》卖给私募基金 Lazard Asia，何柱国再于2001年向该基金购入星岛集团。自此，何柱国就成了《星岛日报》的老板。他拥有香港烟草董事会主席、星岛新闻集团有限公司董事会主席双重身份。

第四代回归低调

香港许多榜上有名的大富豪，都富不过三代。然而，何英杰家族这个隐形富豪家族，却悄然富到了第四代。或许可以说，何柱国在整个何氏家族中是个意外高调的人物。因为除了他，何家的所有人都很低调，第四代几乎回归和曾祖父一样的作风。

何柱国的儿子何正德，目前过着低调而富有的生活。2014年，何正德与林百欣的孙女、林建岳的女儿林恬儿结婚。这次联姻，当时香港的政要、富豪都来祝贺，出席此次婚礼的人包括董建华、梁振英、崔世安、李嘉诚、罗康瑞等，两人的婚姻保证了家族财富更好地传承。

其实，何英杰家族的故事很好揭示了家族财富的秘密，更加向新富展示了什么叫作创富者为家族奠定基调。何伯早年靠自己的聪明与勤奋起家，审时度势，低调行商超过60年，不仅从不炫富，而且捐款无数。他的善举，造福社会，庇佑子孙。他的低调作风，令人钦佩。何伯的作风，影响了儿子，最重要的是，何伯创下的家风，给家族成员树立了标准。未来无论多少代，相信他们都会以何伯为榜样。

香港的许多大富豪，经常被媒体聚焦，但仔细想想，其实还没有何英杰家族厉害。李嘉诚家族目前只传到第二代，李兆基家族目前只传到第三代，而何英杰可是实打实地传到了第四代。

何英杰这位低调的创富者，为当代新富带来了启示。

一点感想

本书尽量保持客观，所以行文全部用第三人称，但在最后，请允许我用第一人称写一点感想。

本书写作时，我的父亲许国清先生罹患癌症晚期。我素居中国香港，少来内地，但由于新冠肺炎疫情的影响，两地一直处于"封关"状态，所以得知父亲生病后，我便回到内地，居住了近半年时间。在父亲人生的最后4个多月中，我反而有机会和他有了如儿时般久违的较长时间的相处。

有段时间，父亲病情严重，我每天坐在医院的病榻旁，一边陪伴，一边写作。有天，我终于问出了那个困扰自己数十年的问题：为什么父亲直到40岁的年纪才生我？这在那个年代是颇少见的。

父亲1945年生于福建省惠安县，1963年以全校第三名的成绩考入中国人民大学，大学后期遭遇"文革"。父亲1968年大学毕业，先被安排在上海青浦劳动一年，次年又接到通知要他去浙江山城丽水。这年，父亲25岁。据他回忆，刚到丽水时他就哭了。彼时的丽水，比老家惠安还要落后，晚上连一盏路灯都没有。父亲暗下决心，绝不在这个地方待一辈子，所以，很自然地没有想要在丽水结婚安家。

但是 1 年过去，3 年过去，5 年过去……日复一日的山城生活，逐渐磨去了父亲的少年志气。

1977 年，中国恢复高考。一天，父亲接到他人民大学老师的来信，叫他回校读研究生，毕业后可以留校任教。父亲纠结了又纠结，最终竟然放弃了这个千载难逢的机会。所以，从 1977 年到 1985 年我出生，这 8 年时间，是父亲最后的改变人生命运的机会，而他没有意识到，就是某个瞬间，决定了他人生下半场的一切。父亲晚年郁郁寡欢，自我成年后，听到的常是他对人生教训的总结。

父亲为什么会做出这样的决定？其中当然有他自己的考虑，我认为多与他保守的性格有关。但更重要的，相信与当时他没有可商量的人不无关系。我的爷爷在父亲未满周岁的时候便不幸患瘟疫去世，奶奶是个典型的"惠安女"，勤劳朴实。我还有个伯父，中专毕业，在惠安邮政系统工作一生。

在过去近 20 年中，我认识了不少"老三届"的前辈。我发现，这批人的家族中有不少在"文革"期间属于"成分不好"的人士：地主、华侨、资本家……但他们的家族见过世面，在人生至关重要的转折点上，族中长辈能告诉晚辈最正确的选择。我的父亲所缺少的，正是这种"家族财富"。

在这本书的写作过程中，我对家族有了更深程度的思考与认知。在当今这个"原子化"的时代，每个人都在找寻自己的快乐，而忽视了作为家族成员的使命。简而言之，一个有家族使命感的人，是不用浪费那么多时间去寻找个人的人生意义的。于是乎，我余生的使命便很明确了：一方面，帮助尽可能多的家族建立家族使命，实现家族传承；另一方面，实现我自己的家族使命，实现家族传承。

父亲在本书初稿完稿后的第 4 天离开人世。在守孝时期，我无数次回忆父亲的音容笑貌。父亲的一生，为许氏家族奠定了家学标准以及勤俭的家风，做了这些，他的使命便已完成。一个家族的诞生，需要至少数代人共同努力，望许氏后人勉之。

图书在版编目（CIP）数据

钱的第四维：财富的保值与传承 / 许骥著 . -- 北
京：中国友谊出版公司，2021.11
ISBN 978-7-5057-5300-6

Ⅰ．①钱… Ⅱ．①许… Ⅲ．①财务管理 Ⅳ．
① TS976.15

中国版本图书馆 CIP 数据核字 (2021) 第 164767 号

著作权合同登记号　图字：01-2021-5612

书名　**钱的第四维：财富的保值与传承**
作者　许　骥
出版　中国友谊出版公司
策划　杭州蓝狮子文化创意股份有限公司
发行　杭州飞阅图书有限公司
经销　新华书店
制版　杭州真凯文化艺术有限公司
印刷　杭州钱江彩色印务有限公司
规格　880×1230 毫米　32 开
　　　8.5 印张　220 千字
版次　2021 年 11 月第 1 版
印次　2021 年 11 月第 1 次印刷
书号　ISBN 978-7-5057-5300-6
定价　65.00 元
地址　北京市朝阳区西坝河南里 17 号楼
邮编　100028
电话　（010）64678009